핵물리학과
*러더퍼드

핵물리학과
*러더퍼드

J. L 헤일브른 지음 ● 고문주 옮김

바다출판사

맨체스터 대학교의 물리학연구소를 맡게 되었다. 1908년 라듐에서 나오는 알파선을 연구하면서 원소의 자연 붕괴 증명에 대한 공로로 노벨 화학상을 받았다. 1909년 알파 입자의 되튐을 관찰하여 톰슨의 예견처럼 원자 속에 양성자들이 골고루 퍼져 있는 것이 아니라, 한 곳에 집중적으로 모여 원자핵을 이루고 있다는 사실을 밝혀냈다.

세계 전쟁의 발발은 과학을 전선으로 내몰았다. 과학자들은 쌍안경, 고무, 렌즈 등의 단순 전략물자를 개발하고 공급하는 역할뿐 아니라, 총포의 고도 기술화와 잠수함의 향상, 수중청음기의 개발 등 전선에 앞장서서 싸우는 군인이 되었다. 함께 협력하던 동료 과학자들은 이제 적이 되어 싸웠다. 그러나 이 와중에도 러더퍼드는 양성자를 발견한다.

톰슨이 물러난 캐번디시 연구소의 소장이 된 러더퍼드는 이제 세계 물리학의 중심에서 노련한 연구자와 재정의 지원을 받아 물리학계의 역사를 만들어 간다. 파울러, 콕크로프트, 카피차 등 재능 있는 연구진과 협력하여 원자핵 연구에 몰두했다. 또한 독일에서 쫓겨난 과학자들을 구호하는 박애주의 활동을 멈추지 않았다.

'원자의 자살보다도 이상하고,

대포알이 휴지 한 장에 의해서 도로 튀어나온 것만큼 기괴하다.

광속에 가까운 속도로 헤치고 달려오는

큰 전하를 가진 입자를 되돌려 보낼 수 있는 강한 힘이

원자 어디에 자리하고 있을까?'

러더퍼드는 금속 막에서 알파입자의 되튐 현상을

관찰하고 원자핵을 발견했다.

지구의 지각과 대기는 만들어질 때부터 방사능을 지니고 있었다. 그러나 인간은 백 년 전인 1900년경까지도 자신을 둘러싸고 있는 복사선들에 대해 전혀 몰랐다. 1900년경에 들어서, 인간은 처음으로 우라늄에서 나오는 선들을 연구하여 라듐이라고 하는 무진장한 복사체를 발견하고 방사능의 개념을 탄생시켰다.

2500년 전에 몇몇 그리스 철학자들은 물질세계는 원자라고 하는 단단하고 깨질 수 없는 입자들로 구성되어 있다고 여겼다. 2000년 뒤에 유럽에서 다시 부활한 그 이론은 화학과 물리학에 과연 원자가 존재할까라는 중요한 의문을 던졌다. 이에 방사능은 원자가 실제로 존재하지만 그것들이 깨질 수 있다는 것을 확인시켜 주었다.

500년 전, 유럽에는 흔한 금속을 금으로 바꿀 수 있다고 믿는 연금술사들이 활발하게 활동했다. 연금술사들은 결국 실패했다. 그 이유는 그들의 목적이 바보 같아서가 아니라 금으로 변환하는 과정은 그들이 사용할 수 있는 것보다 훨씬 더 강력한 방법을 요구하기 때문이다. 이런 실패로 인해 '연금술사'라는 말은 '사기꾼'과 동일한 말이 되어 버렸다. 그러나 방사능 현상에서 물질은 스스로 한 종류의 화학 원소에서 다른 종류로 규칙적으로 변환한다는 것을 보여준다.

원소의 변환과 원자의 구조를 발견한 사람은 어니스트 러더퍼드이다. 그의 일생은 그가 진보시킨 과학만큼이나 흥미롭다. 그는 아주 외떨어진 지역에서 아마를 재배하는 농부의 아들로 태어나 영국의 귀족이 되고 물리학 세계의 중심에 선 훌륭한 교수가 되었다. 오직 자신만이 나아갈 방향을 알 수 있는 미개척 세계를 통해 뉴질랜드라는 변방에서 케임브리지라는 중심지까지 여행을 한 것이다. 다행스럽게도 그가 새로 낸 길을 사람들이 쉽게 이해할 수 있었고, 이에 새로운 도전을 할 수 있었다. 러더퍼드의 과학은 아인슈타인의 과학처럼 신비스럽고 수학적인 것이 아니었고, 퀴리 부인의 과학처럼 세세하여 부담이 가는 것도 아니었다. 그것은 적당한 실험에서 얻어지는 대담한 추론, 단련된 상식과 다른 사람들이 중요하다고 여기는 것들을 적당히 무시하는 것으로 구성되어 있다.

만년에 평범한 '어니' 러더퍼드는 러더퍼드 남작으로 바뀌었지만 자신의 고향을 잊지는 않았다. 그는 영국에서 좀처럼 보기 힘든 키위나 마오리 전사가 그려진 방패 모양 문장(紋章)을 고안했다. 이런 것들을 통해 그의 성격을 알아낼 수 있다. 허식을 좋아하지 않고 신념이 강하고 양식 있는 사람인 러더퍼드는 날개가 없는 키위처럼 자신의 발을 대지에 굳게 고정시켰다. 또한 그는 마오리 전사처럼 자신을 반대하는 모든 사람들을 상대로 항상 행동할 준비가 되어 있었다.

러더퍼드는 1931년에 귀족이 되었다. 남작 문장은 자신의 과학적 성취(방패의 휘어진 교차선)와 고향(위쪽의 키위와 오른쪽의 마오리 전사)이 나타나도록 고안했다. 왼쪽의 성인은 헤르메스 트리스메기스투스라는 고대의 연금술사이다. '사물의 기초에 의문을 품어라'고 쓴 라틴어 표어는 물리학에 대한 지속적인 의문을 나타낸다.

아마 재배 농부의 아들, 케임브리지로 가다

러더퍼드는 뉴질랜드의 바다가 바라보이는 집에서 성장했다. 아버지는 아마 공장을 운영했다

1871년 8월 30일, 어니스트 러더퍼드는 뉴질랜드에서 태어났다. 그가 태어나기 약 1세기 전에 위대한 탐험가이자 지리학자인 쿡 선장은 최초로 뉴질랜드 해안을 광범위하게 탐험했다. 그는 배를 수리하고, 선원들을 회복시키고, 음식과 물을 얻고, 영국의 토지를 요구하려고 수차례 상륙했다. 뉴질랜드의 원주민인 마오리 족은 잔인함과 우정 사이를 왔다갔다했다. 쿡 선장은 마오리 족이 식인 관습을 매우 좋아하고, 강하고 예술적이며, 영리하면서도 용감하다고 생각했다. 그러나 그들의 도전적이면서 선원들을 구워 먹는 관습에는 실망했다. 1840년이 되어서야 영국 해군이 점령한 곳에서 선교사들이 발을 디딜 수 있었다. 곧이어 스코틀랜드로부터 이주가 시작되었다. 수레 목수였던 러더퍼드의 조부는 최초의 이주자 중 한 사람이었다.

1870년에는 이주자의 수가 원주민의 10배가 넘는 50만 정도가 되었다. 이렇게 이주자의 수가 늘어나서 먹이가 되는 대상이 풍부해졌음에도 불구하고 마오리 족은 식인 관습을 포기했다. 이주민과 마오리 족은 미국의 백인과 아메리칸인디언 사이보다 훨씬 평화롭게 지냈는데, 주로 토지 조약이 충실하게 지켜졌기 때문이다. 뉴질랜드의 이주민은 주로 교육을 잘 받고, 열심히 일하는 사람들이었다. 미국처럼 서부로 진출해 들어가던 모험가들이 아니었기 때문에 이들의 관계는 더 돈독해질 수 있었던 것으로 보인다. 미국 서부에는 술집이 늘어났지만, 뉴질랜드에는 학교

건물이 퍼져 나갔다.

수수하면서도 명랑한 소년 어니

러더퍼드의 어머니는 학교 교사였다. 식구는 모두 14명이었는데, 어니(어니스트 러더퍼드의 애칭)는 12명의 자녀 중 넷째였다. 이들은 뉴질랜드 남섬의 북쪽 끝에 위치한 인구 5000명 정도의 조그만 넬슨 항 외곽에 살았다. 첫 번째 집은 강 계곡의 기슭에 있었다. 나중에 아버지가 아마 농장을 경영하게 되면서 아마가 자라는 습지 근처로 이사 갔다. 러더퍼드는 마을을 탐험하고, 숲과 시내에서 사냥과 고기잡이를 했다. 이런 어린시절의 영향으로 외딴 마을에서 문명 생활을 유지하는데 필요한 도구를 만들고 수리할 수 있었다. 또한 종교나 도덕적 훈련을 굳이 하지 않더라도 소박함을 유지했다. 그는 똑똑하고 명랑하며 강인한 십대 소년이었다. 수수한 유머 감각을 지녔고, 허풍을 떨지 않았다. 여러 가지 손재주가 있었지만 분명히 천재도 아니었다. 종교에는 무관심했고, 누이들이 많음에도 불구하고 소녀들 앞에서는 매우 부끄럼을 탔다.

러더퍼드 부모인 제임스와 마샤. 1880년경에 찍은 사진.

러더퍼드가 아마 공장에서 침수용 연못의 수위를 측정
하고 있다. 아마를 물에 담가 두면 바깥 껍질이 썩어 없
어지고 안쪽 섬유만 남는다. 이 안쪽 섬유를 빗질하고
자아서 밧줄이나 직물을 만들었다.

촉망 받는 학생회장 러더퍼드

15살이 되었을 때, 80명의 소년들이 다니는 넬슨 고등학교에서 장학금을 받았다. 아버지는 말을 타고 산을 넘어 고등학교가 있는 작은 마을까지 데려다 주었다. 러더퍼드는 라틴어, 영어, 불어 등 모든 과목을 잘했지만, 그 중에서도 특히 수학을 잘했다. 졸업할 무렵 훌륭한 상업영어를 사용할 수 있었고, 불어를 쉽게 읽고, 삼각법을 다룰 수 있었다. 마지막 학년에는 학생회장이 되었고, 장학금을 받았다. 상금과 명예를 함께 거머쥐었다. 가족은 그를 대학에 보내기로 했다. 그의 뛰어난 성적은 수학 특별 지도와 주위의 어떤 소란이나 유혹 속에서도 손에 잡은 일에 집중하는 능력, 빠른 이해력 덕분이었다. 모두 집안의 소란스러운 소음 속에서 얻어진 것이다.

이 촉망되는 회장 소년은 캔터베리에 있는 대학으로부터 장학금을 받고 공부하게 되었다. 캔터베리는 넬슨보다 몇 배나 큰 도시였다. 그는 라틴어와 영어 공부를 계속했지만(러더퍼드는 평생 탐정소설과 디킨스의 소설을 즐기는 꾸준한 독서가였다) 무엇보다 수학과 물리학을 열심히 했다. 또한 자신이 있는 바로 그 자리에서 최선을 다해 장학금과 상을 받도록 노력했다. 덕분에 물리학과 천문학에서 최고 점수를 받고 졸업했다.

그 다음은 어떻게 되었을까? 러더퍼드는 뉴질랜드에서 받을 수 있는 최고의 교육을 받았다. 많은 과목에서 우수함을 드러냈다. 또한 마지막 학년 동안 실험실에서 했던 연구를 특히 좋아했다. 그 연구로 새로운 형태의 라디오파 수신기를 발명하게 되었다. 수신기는 매우 중요하고 가능성이 엿보였다. 당시 라디오파가 새로 발견되었는데(최초의 국제적인 수신기 생산은 1887년에 이루어졌다), 그것을 검출하는 방법은 매우 원시적이었기 때문이다. 그러나 발명품이 아무리 중요하고 가능성이 보이더라도 개발할 만한 자원이나 시간이 없었다. 그는 가능한 빨리 돈을 벌어야 했다. 왜냐하면 메리 뉴턴 때문이었다. 메리의 어머니는 금주와 여권 신장 운동가였는데, 아버지가 술을 너무 많이 마셔서 죽자 살림을 꾸려나가기 위해 하숙집을 시작했다. 러더퍼드는 캔터베리에서 공부하는 동안 그들의 집에서 하숙을 했다. 러더퍼드와 메리는 10대에 이미 약혼을 했지만, 빅토리아 시대였기 때문에 러더퍼드가 가족을 돌볼 직업을 갖기까지는 결혼하지 않기로 합의했다.

미래를 고민하는 러더퍼드

가장 확실하게 선택할 수 있는 직업은 의사였다. 하지만 마음에 들지 않았다. 농장을 경영하고 싶지도 않았다. 23살인 1894년에도 여전히 직업에 대해 망설이고 있었는데, 뉴질랜드가 외국 유학을 할 수 있는 장학금 후보를 추천할 차례가 되었다는 것을 알게 되었다. 이 장학금은 1851년 런던에서 설립된 국제예술과학협회에서 수여하는 것으로 오스트레일리아와 뉴질랜드가 차례로 받고 있었다. 러더퍼드는 장학금에 응모했지만 떨어졌다. 런던의 심사위원들은 오클랜드 출신의 화학도를 더 좋아했다. 러더퍼드는 마음에 들지는 않지만 고등학교에서 물리학을 가르칠 수밖에 없었다.

러더퍼드는 여름 내내 아버지의 농장에서 감자를 캐면서 좋아하는 일을 하고, 돈을 벌어 메리와 결혼할 수 있는 방법을 고민했다. 어느 날 어머니가 전보 한 장을 전해 주었다. 바로 장학금을 제공하겠다는 내용이었다. 그의 경쟁자인 화학도가 결혼과 안정된 직장을 얻기 위해 장학금을 포기했기 때문이다. 러더퍼드는 결혼을 미루는 데는 아무런 문제가 없었다. 그는 잡고 있던 삽을 내던졌다.

"이것이 내가 캐는 마지막 감자가 될 것이다."

러더퍼드는 유럽행 짐을 쌌다.

캐번디시 연구소로 가다

해외 장학생은 장학금으로 어디로나 갈 수 있었다. 러더퍼드는 처음에 라디오파가 발명된 독일로 갈까 생각했다. 그러나 그가 결심을 하기 전에 발명자인 헤르츠가 죽었고, 헤르츠의 스승 헬름홀츠와 다른 유명한 물리학자들도 죽었다. 또한 독일은 그가 처음 생각한 것처럼 연구가 활발하지 못했다. 그래서 케임브리지 대학교의 캐번디시 연구소로 생각을 바꾸었다. 러더퍼드는 운이 좋았다. 캐번디시

헤르츠(1857~1894)
독일의 물리학자. 최초로 전파를 송·수신했다. 전기 진동 실험을 통하여 전자파의 존재를 확인하고 전파와 자파가 광파와 같은 성질을 갖는다는 것을 실증했다.

랑주뱅(1872~1946)
프랑스의 이론 물리학
자. 여러 물질의 자성을
연구하여 '퀴리의 법칙'
을 통계 역학을 사용하
여 입증하고, 브라운 운
동과 엑스(X)선에 대한
전리 현상·반자성·상
자성의 이론을 세웠다.
아인슈타인의 특수 상
대성 이론의 지지 보급
에 힘쓰면서 프랑스 교
육 제도의 쇄신에도 공
헌했다.

J.J.톰슨(1856~1940)
영국의 물리학자. 전자
의 존재를 실험적으로
증명하고 전자의 질량
을 측정하였으며 원자
모형을 고안했다. 1906
년에 노벨 물리학상을
받았다.

연구소가 바로 그때 외부인도 연구할 수 있도록 개방되었기 때문이다. 케임브리지 대학교에서 학사학위를 받지 않았어도 연구를 할 수 있게 된 것이다. 구식의 많은 보수주의자들이 반대했던 이 법은 즉시 그들이 두려워한 결과들 중의 하나를 가져왔다. 바로 몇 명의 느릿느릿한 연구자들을 가진 캐번디시 연구소가 세계 물리학계에서 가장 중요하고 역동적인 연구대학원으로 바뀐 것이다.

폐쇄적이었던 케임브리지 대학교의 개방은 캐번디시 연구소가 스스로 독립할 수 있는 선구적 학생들을 모집할 수 있게 해주었다. 1894년에 불과 5명이었던 연구자들은 19세기 말에는 무려 30명으로 증가했다. 그 중 케임브리지 대학교 출신은 3분의 1에 불과했다. 캐번디시 연구소는 양적 증가 뿐 아니라 질적인 면에서도 향상되었다. 1895년 첫 해에 러더퍼드와 함께 들어온 연구자에는 장래의 또 다른 노벨상 수상자인 찰스 톰슨 리즈 윌슨, 장래에 교수가 된 몇 사람 그리고 프랑스의 가장 유명한 물리학자이자 일생 동안 그의 친구였던 폴 랑주뱅 등이 있었다. 랑주뱅은 퀴리 부인의 연인이기도 했다.

톰슨 아래에서 연구하게 된 러더퍼드

연구소의 소장은 흔히 제이제이 톰슨이라고 불리는 조셉 존 톰슨이었다. 명석한 수학자이고, 창의력이 풍부한 실험설계가였다. 하지만 실험실의 물건들을 잘 깨뜨려서 실험은 다른 사람이 하곤 했다. 톰슨은 각 사람의 재능과 특성에 대해 빈틈없는 판단을 했다. 이미 전기와 자기에 관한 뛰어난 업적을 남겼지만 아직 40살이 안 되었다. 러더퍼드는 메리에게 쓴 편지에 톰슨을 다음과 같이 표현하고 있다.

"전혀 시대에 뒤지지 않고…… 중간 정도의 몸집에 피부색이 진하다. 매우 젊은 사람인데, 제대로 면도를 하지 않고 머리도 꽤 길게 기르고 있다."

약혼녀인 메리 뉴턴. 1896년 약혼할 무렵의 모습이다.

러더퍼드는 약혼자에게 자신의 지도교수이자 친구가 되어 경력을 쌓게 해줄 사람을 단정하지 못한 사람이라고 소개하고 있다. 러더퍼드는 토박이 조교들이 케임브리지 학위를 가지지 않고 변방에서 온 새로운 사람들을 무시하는 처음 몇 달 동안 톰슨이 주는 도움이 필요했다. 러더퍼드는 적절하게 호전적인 반응을 보였다.

"마오리 족 전쟁 춤을 추고 싶은 조교가 한 명 있다."

톰슨의 재촉으로 러더퍼드는 칼리지에 입학했다. 당시 옥스퍼드나 케임브리지 대학교는 다양한 형태의 칼리지를 운영하고 있었다. 칼리지는 학생들이 함께 숙박을 하면서 학습하고 연구하는 곳이었다. 이로써 러더퍼드는 정규 학부생인 동시에 연구대학원생이 되었다. 덕분에 사회적 · 지적인 지원을 모두 받을 수 있게 되었다. 칼리지는 숙소를 제공하는 형태로 대학교와 제휴를 맺고 있었다. 러더퍼드 시대에는 이 제휴가 제대로 자리 잡지 못해서 일부 칼리지는 독자적인 사무실과 우두머리를 갖추고 대학교를 움직이려 했다. 칼리지에는 돈을 내는 학부생 이외에도 몇 종류의 장학생을 포함한 선임자들이 있었다. 이들은 칼리지의 조교나 강사, 대학교의 교수, 관리자 또는 장학생 들이었다. 연구 과제를 수행하거나 더 높은 학위를 추구하는 일 년 혹은 수년간 방, 식사 그리고 용돈이 주어졌다. 장학생에 대한 대부분의 비용은 칼리지 자체에서 제공되었다. 1895년 러더퍼드가 케임브리지 대학교에 도착했을 때 과학 분야에는 비교적 소수의 장학생만이 있었다.

트리니티 칼리지는 케임브리지 대학교의 칼리지들 중에서 수학과 과학에 대하여 가장 개방된 곳이었다. 톰슨은 여기에 소속되어 있었다. 톰슨이 연구대학원생들에 대한 학비를 줄여 달라고 지도부를 설득한 후 러더퍼드도 그의 지도를 받았다. 러더퍼드는 비용을 절약하기 위해 칼리지 밖에서 하숙을 하고, 보통 하숙집 여주인이 준비해 주는 것을 먹었다.

라디오파 검출기에 대한 연구

어느 정도 생활이 안정되자 러더퍼드는 검출기 문제로 돌아왔다. 1896년 1월에 세 겹의 두꺼운 돌벽을 가로질러서 30미터 거리의 라디오파를 검출할 수 있었다. 톰슨의 격려로 800미터 거리를 시도했다. 1896년 당시 이것은 가장 먼 거리를 성공한 것이었다. 그는 케임브리지 대학교와 런던에서 시범을 보였고, 뉴질랜드에서 온 돌벽을 가로질러 전기를 밀어 넣을 수 있는 사람으로 저녁 초대를 받았다.

러더퍼드는 이런 꾸며진 만찬회에 익숙하지 못했다. 숙녀들이 입은 옷은 소박한 감각을 가진 그에게 충격을 주었다. 몇몇 드러난 옷을 입은 숙녀들과 식사를 한 후 메리에게 편지를 썼다.

"옷들 중 일부는 어깨와 목을 많이 드러낸 옷이었소. 나는 그런 것을 전혀 좋아하지 않는다는 것을 밝혀야겠소. 어떤 교수의 부인은 새 디자인의 옷을 입고 있었는데…… 맨 팔이 어깨까지 드러나고 다른 부분도 그랬다오. 나는 내 부인이 그렇게 입는 것을 원하지 않소. 당신도 같은 생각이었으면 좋겠소."

그는 그 점에 관해서 걱정할 필요가 없었다. 메리는 담배, 술 그리고 짧은 옷에 반대하는 집안에서 자랐기 때문이다.

톰슨은 라디오파 검출기를 상업적으로 개발해 보라고 러더퍼드를 격려했지만 연구는 진전되지 못했다. 재정 사정은 더욱 어려워지고 새로운 기회도 없었다. 해외 유학 장학생이자 케임브리지 장학생으로서의 마지막 해인 삼학년 때에는 거의 파산 지경이었다. 그는 자신의 검출기를 제쳐놓고 톰슨과 함께 또 다른 종류의 복사선을 연구했다. 그것은 불투명한 물체를 투과할 수 있었고, 라디오파보다 훨씬 더 검출하고 연구하기가 쉬웠다.

1895년의 크리스마스 선물, 엑스선

이 특수한 복사선은 발견자인 뢴트겐에 의해서 엑스(X)선이라고 이름 붙여졌다. 1895년, 러더퍼드가 최초로 케임브리지에서 맞이한 크리스마스 동안 뢴트겐선은 모든 사람들에게 그 모습을 드러냈다. 물리학자들이 휴가를 끝내고 실험실에 돌아왔을 때 그들의 우편함에는 그 광선의 성질을 밝힌 인쇄된 논문과 뢴트겐의 손 내부를 보여 주는 사진이 들어있었다. 물리학자들은 깜짝 놀랐다. 물리학자 대부분이 그 광선을 만드는데 필요한 장치와 검출할 수 있는 사진 장치를 갖추고 있었지만 아무도 알아내지 못했고, 여전히 엑스선에 대해 설명할 수도 없었다.

일부에서는 엑스선이 형광과 비슷하다고 했다. 형광은 일부 광물들이 갖는 성질로서 보통 빛을 쪼이면 어둠에서 얼마 동안 스스로 빛을 낸다. 형광과 연관지으려는 생각은 광선을 만드는 관의 유리에 생긴 밝은 녹색 형광 반점을 관찰하면서부터다. 모두 옳지 않다는 것이 판명되었지만 이 생각을 따라가면 엑스선 외에 매우 중요한 발견을 하게 된다. 콜럼버스가 아시아를 찾는 동안에 아메리카를 발견한 것처럼 잘못된 추론이 옳은 곳으로 데려다 줄 수도 있다.

형광에서 엑스선을 찾은 콜럼버스는 삼대에 걸쳐 과학

엑스(X)선
빛과 같은 전자기 진동이지만 진동수가 훨씬 더 큰 것.

뢴트겐(1845~1923)
독일의 실험 물리학자. 크룩스관으로 음극선을 연구하다가 미지의 방사선을 발견하여 이를 엑스선이라 명명했다. 1901년에 최초의 노벨 물리학상을 받았다.

베크렐(1852~1908)
프랑스의 물리학자. 베크렐선을 발견하고 방사능 연구의 선구자가 되었다. 1903년에 노벨 물리학상을 받았다.

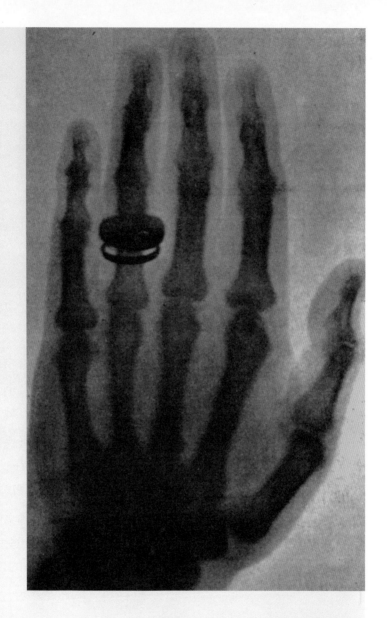

섬뜩한 반투명 손은 뢴트겐의 엑스(X)선 상징이 되었
다. 엑스선 사진의 손은 해부학자인 폰콜리케르의 것이
다. 뢴트겐의 뷔르츠부르크 대학교의 동료이자 뢴트겐
이 자신의 발견을 발표한 물리의학회의 설립자 중 한 사
람이었다.

박사 학위를 가진 물리학자인 베크렐이었다. 그의 할아버지는 19세기 초반에 파리에서 대학 교수를 지냈다. 아버지인 베크렐 2세는 교수직을 그대로 물려받았으며 거기에 다른 교수직을 더 맡았다. 마지막으로 베크렐은 할아버지와 아버지의 교수직을 모두 물려받았으며 세 번째 교수직을 더하였다. 프랑스에서는 연구심이 강하고 활동적인 교수는 교수직을 동시에 여러 개 겸할 수 있었다. 이 때문에 교수직의 수는 감소되었으나 개인의 수입은 늘어 났다.

우라늄에서 나오는 광선의 정체는?

베크렐 집안에서 물려내려 온 과학적 연구 소재 중에는 우라늄에서 얻은 아름다운 형광 결정이 있었다. 베크렐은 형광을 만들기 위해 이 아름다운 결정을 햇빛에 노출시킨 후에 포장을 한 사진 건판 위에 놓았다. 눈에 보이지는 않지만 포장을 투과할 수 있는 광선을 발생시키는지 알아보기 위해 결정과 사진 건판을 서랍에 넣어 두었다. 사진 건판이 검어지면서 실제로 눈에 보이지 않는 광선이 있다는 것이 밝혀졌다. 두 번째 시도하였을 때도 비슷한 결과가 나왔다. 그때는 파리의 날씨가 흐려서 햇빛이 비치지 않았음에도 사진 건판은 검어졌다. 결정은 투과하는 빛을 만드는데 외부의 자극이 필요 없는 것이었다. 결정 안의 우라늄이나 다른 구성 성분이 자발적으로 복사선을 발생시키는 성질을 가지고 있었던 것이다. 베크렐은 관찰 결과를

1898년 케임브리지 대학교 캐번디시 연구소의 물리학
연구진이다. 톰슨이 첫 줄 가운데에서 팔짱을 끼고 앉아
있고, 톰슨 바로 뒤에 러더퍼드가 서 있다. 러더퍼드 오
른쪽에 윌슨이 서 있고, 톰슨 오른쪽에 랑주뱅이 앉아
있다.

1896년 5월 파리과학원에 제출했다.

그동안 톰슨과 러더퍼드는 엑스선이 기체에 대하여 특별한 효과를 나타낸다는 것을 발견했다. 원래 기체는 전기를 전도하지 않는다. 하지만 엑스선을 쬔 기체는 전기를 쉽게 통과시켰다. 이 효과를 발견하고 증명하는데 사용한 장치는 다음 쪽에 있다. 이 그림은 러더퍼드가 직접 그린 것이다. 톰슨과 러더퍼드는 엑스선을 기체 분자와 충돌시켜 양성과 음성 부분으로 쪼갰다. 이것은 전기장에서 기체를 통과하여 이동할 수 있기 때문에 그리스어로 '가다' 라는 의미인 '이온' 이라고 이름을 붙였다. 이온을 만드는 방법은 중요한 실험이 되었다. 공기를 이온화할 수 없는 것은 엑스선이 될 수 없었다.

1896년의 물리학자들에게 중요한 논제는 베크렐이 우라늄에서 발견한 광선이 과연 엑스선인가 하는 것이었다. 러더퍼드는 우라늄 광선이 공기를 이온화하기 때문에 엑스선이 될 수 있으며, 베크렐이 발견한 광선이 무엇이든지 간에 그 광선은 두 가지 아주 다른 형태로 구성되어 있다고 했다. 그 중 알파라는 형태는 이온을 많이 만들었지만 물질을 멀리 투과하지 못했다. 얇은 알루미늄 판 몇 장으로 알파선을 거의 흡수할 수 있었다. 베타라는 다른 형태는 이온화는 덜 시켰지만 더 멀리 투과할 수 있었다. 러더퍼드는 연구 생활 내내 방사성 물질로부터 나오는 광선들을 연구했는데, 그 중 알파선 연구에 집중했다. 여기에서 그는 위대한 발견들에 대한 영감을 얻었다.

이온
알짜 전하를 가지는 원자나 분자.

알파선(입자)
처음에는 우라늄선의 성분으로 검출되었으나 나중에 헬륨 핵으로 밝혀졌다.

베타선(입자)
처음에는 우라늄선의 성분으로 검출되었으나 나중에 전자로 밝혀졌다.

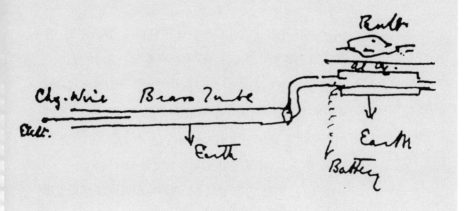

러더퍼드가 직접 작성한 장치에 대한 스케치이다. 읽기 어려운 필체로 쓰여 있다. 러더퍼드와 톰슨은 이 장치를 이용해 엑스선이 기체를 이온화할 수 있다는 것을 발견했다. 오른쪽 위의 구에서 발생된 광선은 구 아래에 있는 통으로 흐르면서 공기 중에 양이온을 만든다. 이온들은 왼쪽 끝에 있는 음으로 대전된 철사에 전하를 축적한다. 철사는 전류계에 연결되어 있다. 아래 방향의 화살표는 공기가 흐르는 황동관이 접지되어 있다는 것을 나타낸다.

폴로늄과 라듐의 발견

1898년 여름 러더퍼드의 장학금 혜택이 끝날 무렵, 유럽의 과학자들은 우라늄처럼 복사선을 내는 물질 몇 가지를 더 발견했다. 이 분야의 선도자는 러더퍼드처럼 의지가 굳은 여성이었다. 교사의 딸이었던 마리 스클로도브스카는 28살이던 1895년에 물리학 교수인 피에르 퀴리와 결혼했다. 그 후 그녀는 유럽에서 여성이 박사학위를 받을 수 있는 몇 안 되는 대학 중의 하나인 파리 대학교 대학원생이 되었다. 마리는 박사학위 논문에서 우라늄광이라는 어떤 원석이 우라늄보다 세 배, 네 배 방사능(마리 퀴리가 만들어 낸 말이다)이 세다는 것을 보여주기 위해 러더퍼드가 사용한 것과 비슷한 전기적 방법을 이용했다. 마리는 우라늄광이 강력한 복사체를 가지고 있는 것이 틀림없다고 추론하며, 파리에 있는 실험실에 일 톤가량의 우라늄광을 쌓아 두고 있었다.

방사능
알파, 베타 또는 감마선을 방출하는 성질.

우라늄광
우라늄을 많이 함유한 광석을 통틀어 이르는 말.

폴로늄
강력한 방사성 원소의 하나. 우라늄 광석에 들어 있는 회백색의 금속. 원소 기호는 Po, 원자 번호는 84.

마리와 피에르는 우라늄광을 화학적으로 분리하고, 모든 성분을 방사능 실험으로 분석했다. 한 부분은 방사능이 우라늄보다 400배나 더 강했다. 그들은 이 부분에 들어있는 검출할 수 없는 미지의 방사능 물질을 마리의 조국인 폴란드의 이름을 따와 '폴로늄'이라고 지었다. 퀴리 부부는 러더퍼드가 우라늄에서 나온 광선 분석을 막 마친 다음인 1898년 7월에 폴로늄의 발견을 발표했다. 그 다음 크리스마스에 퀴리 부부는 화학 과정에서 바륨과 함께 움직이는 방사능 물질을 발견했다. 그들은 이 물질도 정제하여 1899년 초에는 우라늄보다 100,000배나 더 강한 시료를 얻었다. 이것을 '라듐'이라고 이름 붙이고 폴로늄과 마찬가지로 새로운 원소로 밝혀지기를 기대했다. 마리가 소량의 라듐을 분리해 냄으로써 그 기대가 확인되었다.

　라듐은 곧 대중의 관심을 끌었다. 엑스선과 마찬가지로 그것은 신기한 경이의 대상이었다. 또 그것이 엑스선처럼 20세기의 질병들을 치료하는데 도움을 줄 것으로 조심스럽게 기대하였다. 두 가지 모두 암과 피부병을 치료하기 위해 사용되었지만 의사와 환자 모두에게 똑같이 손상을 입혔다. 엑스선은 일상적인 장치에서 값싸고 풍부하게 사용할 수 있어서 곧 진단 도구로써 광범위하게 퍼졌고, 라듐은 주로 중증의 암을 태우는데 이용되는 희귀하고 비싼 화학물질이 되었다. 라듐은 의학에서 많이 사용되었기 때문에 가격이 올라 물리 실험을 위해 대량으로 손에 넣기는 어려웠다. 러더퍼드를 포함하여 행운이 따른 몇몇 사람은 마리 퀴리로부터 견본을 선물 받았다.

풍부한 발견의 시대

　1898년의 물리학 세계는 10년 전보다 풍부해졌다. 1887년, 헤르츠의 라디오파 생성과 검출을 시작으로 물리학자들은 힘과 성질에서 놀랄만한 천연 물질을 계속해서 찾아내고 있었다. 기체를 통과하는 전기의 흐름 실험 몇 년 후

우라늄
천연으로 존재하는 가장 무거운 방사성 원소. 원자 기호는 U, 원자 번호는 92.

라듐
알칼리 토금속 원소의 하나. 알파선, 베타선, 감마선의 세 가지 방사선을 낸다. 원자 기호는 Ra, 원자 번호는 88.

바륨
알칼리 토금속 원소의 하나. 원자 기호는 Ba, 원자 번호는 56.

에 기체 상태인 이온의 존재를 알아내었다. 또 전류가 흐르는 진공으로 된 유리 용기에서 음극의 반대편 유리에 나타나는 형광을 '음극선'으로 정의했다. 뢴트겐은 음극선 연구를 준비하는 과정에서 엑스선을 발견했다. 베크렐은 엑스선과 형광 사이의 유사점을 추적하다가 우라늄 광선을 발견하기도 했다. 우라늄에 대한 연구에서 퀴리 부부는 우라늄광의 방사능을 연구하여 폴로늄과 라듐이라는 새로운 원소를 발견했다. 한편 러더퍼드는 우라늄 광선에서 알파와 베타라는 두 가지 종류의 선을 발견했다. 1895년의 크리스마스 선물인 엑스선과 1898년의 크리스마스 선물인 라듐 사이의 간격은 불과 3년이었다.

그러나 이것들이 1890년대 후반에 일어난 물리학 발견의 전부이거나 중요한 것은 아니다. 러더퍼드가 우라늄 광선을 가지고 연구하는 동안 톰슨은 음극선의 본질에 대해 의문을 품었다. 그 당시 유럽의 물리학계에는 두 가지 학설이 있었다. 하나는 주로 독일 학자들이 주장하는 것으로 음극선과 빛을 연관시켰다. 다른 하나는 주로 영국 학자들의 이론으로 음극선을 전하를 가진 입자들과 연관시켰다. 톰슨의 의문은 다음과 같이 요약할 수 있다. 음극선은 전기장이나 자기장에 의해서 휘어질 수 있을까? 만약 휘어진다면 영국 측 입장이 강화될 것이다. 전자기력은 광선의 방향을 변화시키지 않기 때문이다. 1895년에는 양 측의 증거들이 균형을 이루는 것으로 보였다. 음극선은 자기장에서는 휘어졌지만, 전기장에서는 휘어지지 않았다.

음극선
진공방전관의 유리에 형광을 일으킨다고 가정된 물질로서 나중에 전자들의 흐름으로 밝혀졌다.

원자를 구성하는 미립자에 대한 톰슨의 추론과 러더퍼드의 의문

1897년, 톰슨은 전기를 이용해서도 음극선을 휘는데 성공했다. 대부분의 공기를 펌프로 빼낸 음극선관 안에 전극들을 장치했다. 그 자리에 음극선이 있다는 것을 나타내는 형광 반점을 유리에 만들고 전기력에 의해서 그 반점을 올라가거나 내려오게 할 수 있었다. 그는 자신이 음극선에 들어가 있다고 상상하고 지나는 길에서 이온들을 피함으로써 다른 사람들이 실패한 것을 성공시켰다. 러더퍼드는 이온들을 '유쾌한 꼬마 애송이'라는 애칭으로 불렀다. 톰슨은 형광 반점을 전기적으로나 자기적으로 모두 움직일 수 있게 되자, 음극선이 직진하도록 두 가지 힘을 조절했다. 그리고 정확하게 균형을 이룰 때 사용된 힘들의 세기를 알아냈다. 마지막으로 음극선 입자를 질량(m)과 전하(e)를 가진 작은 공처럼 행동한다고 가정하여 입자의 전하 대 질량의 비(e/m) 값을 알아내었다. 그러나 전하나 질량을 따로따로 구할 수는 없었다. 이 값은 그 문제에 관심을 가진 모든 사람들을 놀라게 했다. 그 값은 당시에 가장 가볍다고 알려진 수소 이온 입자의 전하 대 질량의 비(e/m) 값보다도 약 1,000배나 더 큰 값이었다.

톰슨이 '미립자'라고 이름붙인 음극선 입자의 전하 대 질량의 비(e/m) 값이 수소 이온의 값보다 1,000배나 더 크다면 미립자의 전하(e)가 수소 이온의 것보다 훨씬 더 크거나 질량(m)이 훨씬 더 작아야 했다. 톰슨은 전하는 똑같

미립자
제이제이 톰슨이 물질의 보편적인 구성성분이라고 한 것으로 나중에 전자로 밝혀졌다.

e/m
입자의 전하 대 질량의 비.

미립자의 전하 대 질량의 비(e/m) 측정

톰슨은 유리 장치를 이용하여 최초로 미립자의 전하 대 질량의 비(e/m) 값을 측정했다. 음극 C에서 나온 선은 금속 고리 A와 B를 통과하면서 가속이 된다. 금속판 D와 E가 강력한 전지에 연결되면 선이 구부러진다. 강력한 전지는 여기 그림에서는 보이지 않는다. 톰슨은 관을 가로지르는 자기장에 의해 선이 휘는 것을 상쇄하도록 D와 E 사이의 전력을 조절해 선의 속도를 결정했다. 자기장 또는 전기 장치가 혼자 구부러지는 것으로부터 입자의 전하 대 질량의 비(e/m)를 계산할 수 있었다.

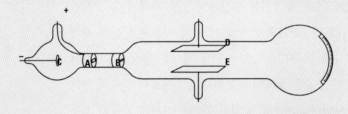

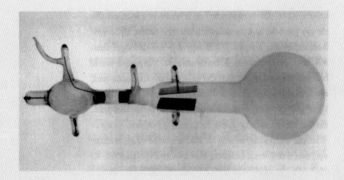

고, 더군다나 그것이 자연에서 가장 작은 전하라고 대담하
게 추측을 했다. 그러므로 수소 이온의 질량이 그 미립자
보다 1,000배 더 크다고 했다. 이어서 톰슨은 추측에 추측
을 거듭하여 자신이 음극선에서 검출한 미립자가 물질의
보편적인 구성단위라고 추론하였다. 그는 모든 것, 심지어
수소 원자까지도 막대한 미립자들의 집합으로 생각했다.
분명히 지나친 추론을 했다. 원자에는 미립자 이 외의 것
도 존재한다. 러더퍼드는 그것을 찾으려 했다.

원자의 구성에 대한 톰슨의 무리한 추론

톰슨의 무리한 추론에 대해 이상한 점은 1900년까지도
대부분의 물리학자들이 옳다고 받아들였다는 것이다. 캐
번디시 연구소에서 케임브리지 대학교의 학위가 없는 시
골에서 온 연구대학원생들에 의해 많은 지지 증거들이 억
지로 맞춰졌다. 중요한 단계는 전하(e)를 측정하는 것이었
다. 톰슨은 이를 위해 이온이 안개에서 작은 물방울을 이루
는 중심으로 작용할 수 있다는 러더퍼드의 동료 대학원생
인 윌슨의 지식을 이용했다. 톰슨은 이온을 만들기 위해 습
한 공기에 엑스선을 통과시켜 많은 수(N개라고 하자)의 작
은 물방울을 만들었다. 각 이온의 전하가 e라면 작은 물방
울의 전하가 e가 되고, 모든 작은 물방울들이 전기 검출계
에 떨어진다면 그것은 총 Ne의 전하를 나타낼 것이다. 톰
슨은 모든 작은 물방울들의 무게를 측정하여 N 값을 추론

하고, e값을 추론할 수 있었다. 미립자의 전하는 수소 이온에 대하여 알려진 값과 가깝다는 것이 알려졌다. 그것은 미립자의 질량이 매우 작다는, 좀더 정확하게는 10억분의 1의 10억분의 1의 10억분의 1 그램(10^{-27}g)이라는 중요한 점을 알 수 있게 해주었다.

그것은 톰슨의 음극선 분석과 입자가 모든 것을 구성한다는 주장 사이의 틈새를 메우지 못했다. 곧 다른 실험실에서 다른 실험 조건으로 똑같은 전하 대 질량의 비(e/m)값을 가지는 미립자들이 조사되었다. 가장 놀라운 발견은 두 명의 네덜란드 물리학자인 제만(러더퍼드보다 나이가 몇 살 더 많은 실험가)과 그의 교수인 로렌츠(유럽의 선도적 이론 물리학자)에 의해 이루어졌다. 그들은 원자에 의해 방출되는 빛은 그 안에 들어있는 미립자와 유사한 입자들의 빠른 운동의 결과라고 설명했다. 또 다른 놀라운 경우는 베크렐이 베타선은 엑스선이 아니며 빠른 음극선이라는 것을 증명했다는 것이다. 톰슨은 네덜란드에서 이루어진 실험으로부터 미립자가 원자의 구성 성분 중에 하나이고, 베크렐의 실험으로부터 미립자들이 방사선의 일부도 될 수 있다고 추론했다.

톰슨의 이론은 수천 개의 미립자들이 어떻게 원자들을 구성하며 원자들에게 특별한 화학적 성질이 나타날 수 있게 해주는지를 설명해주지 않는다면 불완전했다. 그래서 톰슨은 머뭇거리지 않았다. 그는 많은 미립자들이 작은 공간에 집합하면 공간이 그것들을 중화시키기 위해 적당한

제만(1865~1943)
네덜란드의 물리학자. 강한 자기 마당 안에서의 스펙트럼 현상을 발견하여 제만 효과라고 명명하였으며, 1902년에 로렌츠와 함께 노벨 물리학상을 받았다.

로렌츠(1853~1928)
네덜란드의 이론 물리학자. 전자 이론의 개척자로, 에테르 가설을 타파한 로렌츠 수축, 로렌츠 변환식을 제시하여 상대성 이론의 선구를 이루었다. 1902년 노벨 물리학상을 받았다.

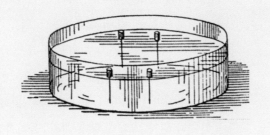

톰슨이 원자의 전자 구조를 자성을 띤 물질에 비유한 그림이다. 커다란 수직의 전자기극은 원자의 양전하 부분 역할을 한다. 수직으로 꽂힌 자석 바늘을 가지고 떠다니는 코르크는 원자의 전자 역할을 한다. 이 비유는 전기력 한 가지의 영향 아래에서 전자가 동심원으로 배열될 수 있다는 것을 암시한다.

양전하를 포함한 것처럼 작용하여 미립자들을 원자로 결합하게 만든다고 가정했다. 그리고 그 원자 안의 미립자들이 동심원 안에서 회전을 하는데, 원들의 수와 밀도가 원자의 화학적 성질을 결정하며 그것이 방출하는 빛의 종류(스펙트럼)도 결정한다고 가정했다. 톰슨은 미립자의 발견 후 십 년 동안 이런 모양을 그럴듯하게 만드는데 많은 시간을 소비했다.

톰슨의 원자 모형에 대한 물리학계의 다양한 반응

이런 원자의 형태는 퀴리 부부와 같은 유럽의 물리학자들을 설득하진 못했다. 퀴리 부부는 모형을 유치하며, 멋대로이고, 영국적이라고 치부했다. 반면 영국의 물리학자들은 이를 과학의 영광이라고 표현했다. 최초의 캐번디시 연구소 교수이며 19세기의 위대한 영국 물리학자인 맥스웰은 톰슨의 원자 도해 모형에 대해 '물리학적 도해의 확고한 형태이며 생생한 채색'이라고 추천했다. 절대온도 척도를 발명했을 뿐 아니라, 대서양 해저에 최초의 통신선을 깔면서 당시 물리학의 모든 분야에 기여한 켈빈 경은 한걸음 더 나아갔다. 그는 설명하기를 원하는 현상은 도해 그림이나 역학적 모형을 만들지 않고서는 추론할 수 없다고 했다.

1895년, 원자를 믿지 않는 독일의 물리학자인 오스트발트는 한 연설에서 영국인들이 쉬운 그림이나 물리 모형을

맥스웰(1831~1879)
영국의 물리학자. 패러데이의 전자기 마당 연구를 기초로 하여 유체역학을 수학적으로 체계화하였으며, 토성의 테에 관한 이론, 색채론 따위의 분야에서도 공헌을 했다.

좋아한다고 비난했다. '너희는 우상을 만들지 말라' 는 성경 구절을 이용하여 훈계했다. 곧 아일랜드의 물리학자인 피츠제럴드가 응수했다.

"본능적으로 끈기 있게 일하는 독일인에게는 그림 없이 연구하는 것이 괜찮지만, 영국인들은 과학에서 감정을 원하며 정열을 일으키는 어떤 것, 즉 사람이 흥미를 갖는 어떤 것을 필요로 한다."

또한, 깊은 맛이 있고 상상력이 풍부한 상상 모형이라고 표현했다.

사실상 완전한 모형이란 존재하지 않는다는 인식이 성공에 필수 요인이었다. 톰슨은 자신의 제자들이 어떤 형식의 그림을 받아들이든 상관하지 않았다. 단지 최소한 한 가진 사용해야 한다고 주장했다. 아마도 이런 점 때문에 그는 특히 선생으로서 성공한 것으로 보인다. 톰슨은 7명의 노벨상 수상자, 27명의 왕립학회(영국 과학계에서 가장 영예로운 조직)회원, 수십 명의 교수를 배출했다. 러더퍼드는 톰슨에게서 물리학에 관한 지식과 대학원생 집단을 이끄는 능력을 이어받았다. 또한 영국식 모형화의 방법과 목적 그리고 원자 구조의 특수한 문제도 이어받았다.

오스트발트(1853~1932)
독일의 물리 화학자. '오스트발트의 희석률'을 발견하고, 화학 평형, 반응 속도, 촉매 작용 따위를 연구했다. 1909년에 노벨 화학상을 받았다.

음극선관

묽은 기체에서 줄무늬의 모양, 색, 수는 전기가 기체로 들어가서 나가는 전도체(전극)의 성질, 기체의 종류, 진공 정도에 따라서 달라진다. 여기에서 k는 음극(들어오는 곳), 선처럼 보이는 lm은 보이지 않는 음극선, a는 양극(나가는 곳), h와 a사이의 공간은 '양극 빛', b와 p사이의 공간은 '음극 빛'을 나타낸다.

매우 큰 전하를 가진 물체만이 공기를 멀리 가로질러서 불꽃을 일으킬 수 있다. 가장 멋진 예가 전기를 띤 구름과 반대 전하를 가진 땅 사이의 번갯불이다. 공기나 다른 기체를 전극(구름이나 땅처럼 전하를 가질 수 있는 전기판)이 장치된 유리관 안에 가두면 자연이 번개를 만드는 방법보다 더 조심스럽게 불꽃이나 다른 빛을 얻을 수 있다. 이렇게 하기 위해서 기체의 일부를 펌프로 빼내야 한다. 압력이 충분히 낮아지면 인상적인 색깔의 밝은 빛이 관을 채우게 된다.

이 현상을 설명하기 위해 물리학자들은 전극들 사이의 전기장이 기체에 존재하는 이온(전기를 띤 입자)을 가속시킨다고 말한다. 이런 이온들을 충분히 얻은 후 다른 기체 분자들과 충돌하여 그것들을 이온으로 만든다. 이렇게 생성된 이온들은 같은 방법으로 다른 것들을 이온으로 만들어서, 전류를 운반하고 가시광선을 내놓는데 충분한 전하를 가진 입자들을 만든다. 이온들이 전기장에서 기체 분자와 충돌하여 에너지를 잃기 전에 충분한 속도를 얻을 만한 공간을 주기 위해서는 부분적인 진공이 필요하다. 이온들이 중성 원자나 분자로 재조합되는 동안 방출되는

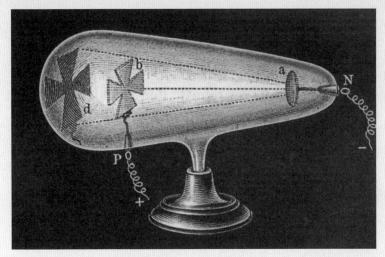

음극선관에서 금속 물체(b)는 양극에 달려있고, 음극(a)에서 나오는 빛의 경로에 놓여 있다. 따라서 빛이 관의 유리벽에 충돌하는 곳에 형광 반점으로 그림자(d)를 만든다.

에너지로부터 빛이 나온다.

19세기 후반에 설치할 수 있는 가장 좋은 진공 상태에서 압력이 낮아짐에 따라 빛이 점점 약해졌다. 결국 전류가 흐를 때 관은 더 이상 빛을 내지 않았다. 대신에 음극의 반대편 유리에 섬뜩하면서 옅은 녹색의 형광 반점이 나타났다. 물리학자들은 음극에서 나와서 직선으로 운동하는 미지의 복사선이 형광을 일으킨다고 생각했다. 그들은 이 복사선을 '음극선'이라 부르고, 그들이 알고 있는 물리 기구들을 사용하여 정체를 밝혀내려고 했지만 결국 실패했다. 톰슨은 음극선이 보통 물질의 원자보다 크기가 훨씬 더 작고 전기를 띤 입자들의 흐름이라는 것을 발견했다. 그는 이것을 미립자라고 불렀다. 오늘날에는 전자라고 한다.

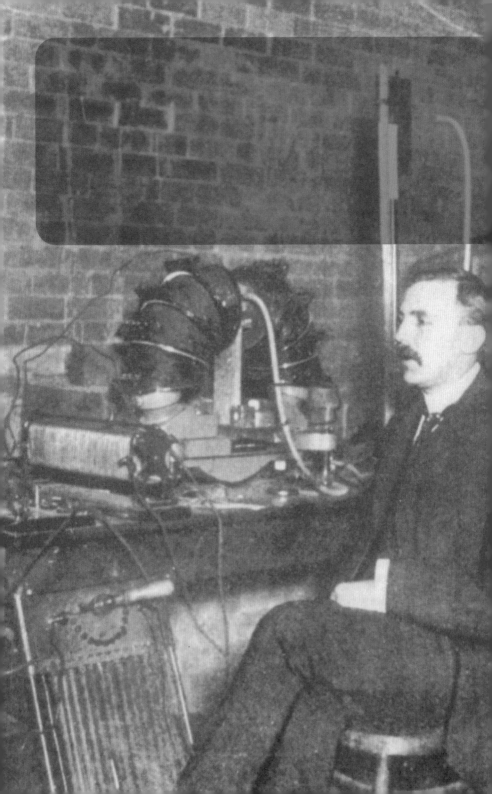

연금술사로 인해
복잡해지는 원소 주기율표

맥길 대학교의 연구실에서 실험용 의자에 앉아있는 러더퍼드. 이 실험실은 방사성 물질에서 나오는 선들을 연구할 수 있는 실험 장치를 모두 갖추고 있었다. 입고 있는 옷은 보통 때의 실험복이 아니다. 1905년에 한 신문기자가 방사능에 관한 기사를 쓰기 위해 이 사진을 찍었다.

"**사**랑스런 소녀여, 나와 함께 기뻐해주오. 멀리서 결혼이 다가오고 있다오."

러더퍼드는 우라늄 광선에 대한 논문을 작성하는 동안 메리 넬슨에게 쓴 편지에서 톰슨의 추천으로 교수직을 제안 받았다고 적고 있다. 교수직은 그가 받았던 장학금의 세 배인 연간 500파운드 정도의 수입을 제공한다. 이 정도는 젊은 부부가 수수하게 살아가기에 충분했다. 나이 든 학감들이 새롭게 대학원을 졸업하는 연구원들에 대한 지원을 반대했다. 따라서 1898년 이후에는 케임브리지 대학교에서 계속 지원을 받는 것이 불투명하여 자신의 경제적 미래에 대해 많은 걱정을 하던 터였다.

"내가 만일 정식으로 케임브리지 학부 과정을 다녔다면 그간 성취한 것의 삼분의 일만 하였더라도 즉시 장학금을 받았을 것이다."

그러나 이제 지역적 편견 때문에 걱정을 할 필요가 없었다.

맥길 대학교 교수로 가다

그 교수 자리의 유일한 단점은 케임브리지에서 수천 킬로미터 떨어진 캐나다 몬트리올에 있는 맥길 대학교라는 점이었다. 하지만 그는 놀라운 일을 하는데 필요한 모든 재원을 제공받았다. 메리에게 자신의 임무를 이렇게 설명했다.

"나는 독창적인 연구를 마음껏 하고 미국인들을 무색하게 만들 정도로 연구가 활발한 대학원을 만들고 싶다오."

케임브리지 대학교에서 하던 연구를 마무리하여 자세하게 기록하고, 짐을 싸기 위해 4주 정도를 소요한 후 캐나다로 가는 배를 탔다. 러더퍼드는 아내를 부양할 만한 경제력이 아직 없었지만 일등석 표를 샀다. 한 일 년 동안은 맥길 대학교에서 일을 열심히 해 터전을 닦고, 다음 해인 1899년 여름쯤에 뉴질랜드로 건너가서 신부를 데려올 계획을 세웠다. 그러나 그는 아내를 데려오기에는 몬트리올의 생활비가 너무 비싸고 자신이 가난하다는 것을 알았다. 그래서 이 년 동안 월급의 절반을 저금하기로 결심했고, 오 년 만에 고향으로 돌아가 오랫동안 기다려 준 메리와 결혼했다.

러더퍼드는 교수로서는 드물게 젊었다. 당시 겨우 27살이었다. 그러나 연구소에서 실질적으로 지도력을 갖춘 사람이 될 것으로 예견되었다. 공식적인 연구소 책임자는 케임브리지 대학교 출신의 콕스였다. 그는 연구에 별로 흥미가 없었고, 자신이 맡고 있는 특별한 장치들을 아래 동료들이 자유롭게 사용할 수 있도록 했다. 1893년 물리학과 건물이 문을 열었을 때, 이곳은 세계에서 가장 많은 비용을 투자한 커다란 건물 중 하나가 되었다. 맥길 대학교의 가장 큰 후원자인 윌리엄 맥도날드가 기증한 곳이었다. 맥도날드는 시민들에게 담배를 팔아서 부유해졌지만, 매우 절약하고 금주와 금연을 하는 사람이었다. 그는 자신에게 사용하는 것 이외에는 돈을 결코 낭비하지 않았다. 그러나 5천 파운드의 장비 구입비를 요청한 콕스에게는 돈을 아끼지 않았다.

"가장 좋은 모든 것을 여기에 설치합시다."

맥도날드는 오늘날의 돈 가치로 환산하면 백만 달러 이상 되는 돈인 6천 파운드를 아낌없이 제공했다. 또 조교, 유지비, 기술자들을 위한 자금을 제공했다. 100년 전이라 하더라도 돈 없이는 물리학을 할 수 없었다. 맥도날드의 후원은 과학의 중심지인 유럽에서 멀리 떨어져서 연구한다는 단점에도 불구하고, 러더퍼드가 미국인들을 무색하게 만들고 유럽의 모든 물리학자와 화학자들을 능가할 수 있는 밑거름이 되었다.

제2의 캘런더가 되고 싶은 마음은 없다

맥길 대학교에서 러더퍼드의 전임자는 케임브리지 출신인 휴 캘런더로 증기기관과 자동차 엔진에 적용할 수 있는 열 측정법을 만든 신중한 실험가였다. 그의 물리학적 태도는 실용적인 기질을 가진 캐나다 사람들의 마음에 들었다. 사람들은 캘런더를 대신할 만큼 훌륭한 사람을 찾기 힘들 것이라고 생각했다. 러더퍼드는 메리에게 보낸 편지에 다음과 같이 적고 있다.

"캘런더가 사람들에게 위대한 사람으로 생각되었기 때문에 나의 임명은 매우 논쟁을 불러일으키는 문제였다고

캘런더(1863~1930)
영국의 실험물리학자. 몬트리올 대학·런던 대학에서 물리학을 강의하면서 증기기관의 연구, 물의 비열 측정 등을 했으며, 항압공기온도계, 백금저항온도계 등을 고안했다.

생각하오. 그들은 나를 그 자리에 앉히고 내 뺨을 깨끗하게 면도한다면 곧 나의 중요성을 깨달을 것이라오."

그러나 러더퍼드는 제2의 캘런더가 될 마음이 전혀 없었다.

"나는 내 자신이 캘런더와 같은 부류라고 전혀 생각하지 않는다. 그는 물리학자라기보다는 공학자에 더 가까웠으며 새로운 과학적 사실을 발견하기보다는 기계장치를 만드는데 더 보람을 느낀다."

러더퍼드는 1900년에 겸손하게 메리의 공으로 돌리기는 했지만, '꿈에도 생각지 못할 전혀 새로운 사실들'을 발견해서 자신의 특성을 보여 주었다.

방사기체라는 새로운 사실의 발견

이런 사실은 일상적인 실험에서 발견됐다. 퀴리 부인이나 다른 사람들이 방사성이라고 증명한 토륨 원소를 우라늄 광선을 증명하는 것과 같은 방법으로 조사하는 연구 과제를 수행하는 중이었다. 러더퍼드는 많은 것을 발견하리라 기대하지 않고, 맥길 대학교 교수직을 맡고 있던 전기공학과의 오언즈에게 그 과제를 내주었다. 당시 오언즈는 방사능에 대하여 무엇이든 배우기 원했다. 오언즈는 우라늄처럼 토륨도 알파선과 베타선을 방출한다는 것을 알았다. 그러나 광선들이 러더퍼드가 실험실에 있느냐 없느냐에 따라 반응하는 것처럼 보였기 때문에 그 실험 결과에 관

방사기체
무거운 방사성 원소의 천연적 붕괴에서 나오는 방사성 기체.

해 기분이 좋지 않았다. 러더퍼드가 어떻게 그런 일을 할 수 있을까? 그는 알지 못했다. 오언즈와 러더퍼드는 러더퍼드의 이상한 힘이 그가 실험실 문을 열거나 닫을 때 광선 너머로 생성되는 공기의 흐름이라는 것을 알아냈다.

공기의 흐름이 무엇을 일으켰을까? 토륨의 증기? 알려지지 않은 이온? 알 수 없었던 러더퍼드는 그 물질이 유령 같고 신비하지만 분명히 존재한다는 것을 나타내기 위하여 '방사기체'라는 애매한 이름을 붙였다. 그는 이 유령을 기다란 유리관 안에 넣은 후, 그것이 토륨, 우라늄, 폴로늄 그리고 라듐과는 전적으로 다르기는 하지만 방사성이라는 것을 알았다. 토륨 등의 방사능은 무진장하게 보이지만 이 방사기체는 불과 일 분 내에 세기가 절반으로 뚝 떨어졌다. 더욱이 유리관 벽 중 방사기체가 닿아 방사성이 된 벽의 '유도 방사능'도 마찬가지로 빠르게 소멸되었다. 11시간 30분 정도가 지나자 처음 세기의 절반으로 감소했다. 방사기체의 빠른 붕괴와 그 방사능의 전염은 유럽에서도 관찰됐다. 한 독일 화학자는 라듐 방사기체를 발견했고, 퀴리 부인은 그것이 유도한 방사능을 검출했다.

분명히 다음 과제는 방사기체의 본질, 방사기체와 토륨과의 관계 그리고 이 방사기체가 어떻게 다른 물체를 방사성으로 만드는가 하는 것이었다. 러더퍼드는 연구에 뛰어들었다. 그는 다음과 같은 말로 메리를 안심시켰다.

"현재 나의 중요한 위안거리는 연구를 계속하는 것이라오."

방사성
물질이 방사능을 가진 성질.

46

또한, 물질뿐 아니라 왕립학회에도 눈길을 주었다. 방사능에 대한 발견의 효과로 왕립학회 회원으로 선출되기를 바랐다.

"사랑스런 그대여, 나는 일주일 중 5일 동안은 다시 저녁에 실험실로 돌아가서 11시나 12시까지 계속 연구한다오."

러더퍼드는 이런 계획표에 따라서 그 문젯거리를 더 오래 연구할 수 있었다. 방사기체가 방사능 입자들로 구성되어 있고, 토륨이 직접 변환시키는 것이 아니라 그 방사능 입자들이 유리관의 벽을 방사성으로 변환시킨다는 것을 발견했다.

메리와 러더퍼드의 조촐한 결혼

러더퍼드는 이런 얻기 힘든 결과들이 손에 들어오자 마침내 연구를 중단했다. 학생들의 시험을 치르고 뉴질랜드로 가는 배를 타기 위해 샌프란시스코 행 기차를 탔다. 여행은 한 달이 걸렸다. 그 동안 드디어 결혼에 대하여 걱정했다.

"모든 사람들이 그렇게 하지만, 나는 당신이 바보 같은 성대한 결혼식을 상상하지 않기를 바란다오. 나는 이런 의식을 좋아하지 않는다오. 그러나 당신은 내 행동을 마음대로 할 수 있다오. 그리고 당신 차례가 되면…… 나는 공처가가 아니기 때문에 당신은 겸손하고 온순할 준비를 해야 하오…… 사랑하는 나의 연인에게 수많은 사랑의 키스를

방사성 붕괴의 발견에 관한 러더퍼드의 공동연구자인 프
레데릭 소디의 1905년경 모습. 소디는 자신을 캐나다로
데려온 묘한 자신감을 결코 잃지 않았다. 원자의 변환을
확인하는 러더퍼드를 도와주고 나중에는 사회, 경제 및
정치에 관한 특이한 생각을 그에게 전해 주었다.

보내며 안녕."

어쨌든 그는 결혼에 대해서 걱정할 필요가 없었다. 메리는 결혼식을 '매우 짧고 별로 재미없는 일'이라고 이야기했다. 단지 양쪽 가족들만 참석하여 술도 없는 축하연을 가졌다. 미국과 캐나다를 거쳐서 돌아오는 신혼여행은 조금 더 나았다. 새 부부는 러더퍼드의 저축 중 남은 천 달러 정도의 돈으로 몬트리올로 갔다. 그 곳에서는 토륨에 관한 의문점을 수집하는 것보다 훨씬 더 가치 있는 무엇인가가 기다리고 있었다.

한 젊은 과학자가 갓 결혼한 새 부부가 도착하기 전에 이들보다 더 당당한 모습으로 몬트리올에 나타났다. 그 사람은 옥스퍼드 대학교 출신의 화학자인 프레데릭 소디였다. 소디는 멀리서 토론토까지 대학교 화학과의 구인 광고에 응하여 왔다. 학과에 자신이 응모했다는 것을 알리거나 이미 채용을 했는지 알아보지도 않은 상태였다. 소디가 몬트리올에도 들렀기 때문에 그를 만나보아야 했다. 소디는 러더퍼드 부부를 좋아했고 맥길 대학교의 낮은 지위를 받아들였다.

러더퍼드와 소디의 협력: 아르곤 족에 속하는 기체의 발견

러더퍼드는 학과장에게 소디가 방사기체의 본질을 알아내는 실험을 돕게 해달라고 요청했다. 학과장은 그가 무엇인가 더 좋은 할 일이 있어서 노벨상을 받을 기회를 던져

아르곤
공기 속에 약 1퍼센트 안팎으로 들어 있는 무색·무취의 비활성 기체 원소. 원자 기호는 Ar, 원자 번호는 18.

버리고 있다고 생각했다. 소디는 무게를 측정할 만큼 얻을 수도 없고, 수 분만에 사라져버리는 방사능으로만 검출 가능한 이 유령 같은 물질의 화학적 본질을 찾으라는 러더퍼드의 제안을 받아들였다. 이렇게 러더퍼드와 소디의 협력은 시작되었다. 이들의 연구는 방사능 분야를 마구잡이 연구에서 과학으로 전환시켰다. 임무의 어려움에도 불구하고 연구를 시작한 후 일 년이 지난 1902년 1월에 그들은 충분한 양의 방사기체를 농축시켜서 그것이 아르곤 족에 속하는 기체라는 것을 확인했다.

이 확인은 훨씬 전에는 이루어질 수 없었다. 1894년 이전에는 아무도 아르곤을 알지 못했기 때문이다. 이것의 검출은 뢴트겐이나 베크렐이 한 발견과는 전혀 다른 부류의 발견이었다. 엑스선과 방사능은 모두 전에 알려진 어떤 것과도 같지 않은 새롭고 놀라운 것이었다. 아르곤은 화학자들에게 몇 가지 호기심을 일으키긴 했지만 물리학자들에는 전혀 새로움을 주지 못했다.

소디와 아르곤 족을 연구하다

아르곤 연구는 톰슨 이전에 캐번디시 연구소 교수였던 레일리경이 공기에서 얻은 질소가 화합물에서 얻은 질소보다 원자량이 조금 더 크다는 것을 알면서부터 시작되었다. 만약 오차가 없다면 공기에서 얻은 질소가 더 무거운 불순물을 포함하든지 화합물에서 얻은 질소가 더 가벼운

레일리(1842~1919)
영국의 물리학자. '레일리·진스의 복사 법칙'으로 유명하다. 1894년에 램지와 함께 아르곤을 발견하여 1904년에 노벨 물리학상을 받았다.

램지(1852~1916)
영국의 화학자. 희유 기체 원소인 아르곤·네온·크립톤·크세논을 발견했고, 태양에만 존재한다는 헬륨을 지구 상에서 발견했으며 라돈의 방사붕괴설을 확인했다. 1904년에 노벨 화학상을 수상했다.

불순물을 포함해야 했다. 레일리는 두 번째 가능성을 택했다. 그러나 그것은 잘못된 선택이었다. 런던 대학교의 화학 교수인 램지가 밝힌 옳은 답은 공기가 질소보다 더 무거운 소량의 알 수 없는 기체를 포함한다는 것이었다. 이 새로운 기체는 다른 기체들이 쉽게 결합하는 물질들과 전혀 결합을 하지 않았다. 레일리와 램지는 그것을 그리스어의 '게으른, 둔한'이라는 의미의 '아르곤'이라고 이름을 붙였다. 그 다음 러더퍼드가 방사능 연구를 시작하고, 톰슨이 미립자를 발견하는 동안 램지는 대기에서 비활성 기체 족을 발견했다. 그 중 가장 가벼운 것은 헬륨으로 공기 중은 물론 우라늄광이나 토륨광에 결합해서도 존재했다. 결국 러더퍼드는 이 결합의 본질과 필요성을 증명했다.

소디가 화학적으로 방사기체가 비활성 기체 족에 속한다는 것을 발견하는 동안 러더퍼드는 그것이 일으키는 유도방사능을 연구했다. 음전하를 가진 금속판을 방사기체에 노출시키자 그 판은 강한 방사성이 되었다. 분명히 방사기체의 활성은 양전하를 가진 전달체에 의해 생겨난 것이었다. 이는 톰슨의 원자 구조에 대한 생각과 잘 맞았다. 이에 따르면 베타 입자(전자)의 방출은 원자 안에 양전하를 과잉으로 남겨놓을 것이다. 그러나 방사능은 좀처럼 자신을 간단하게 드러내지 않았다. 음전하를 가진 판에 생겨난 활성의 행동은 방사기체와 접촉한 시간에 따라서 달라졌다. 잠깐 노출을 시키면 판에 활성이 생겼다. 오랫동안 노출시키면 방사기체와 떨어지자마자 곧 그 활성이 없어

비활성 기체
아르곤 족 기체에 속하는 것으로써 보통 화학반응에 참여하지 않는다.

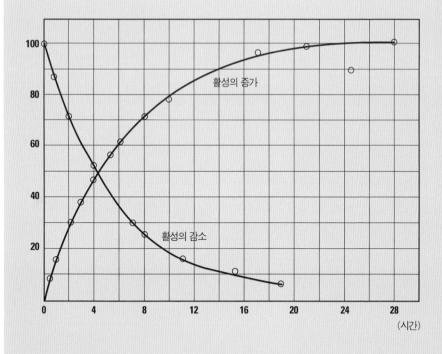

활성의 증가

활성의 감소

(시간)

1902년, 토륨과 토륨엑스의 활성의 증가와 감소를 나타
내기 위해 러더퍼드가 그린 곡선. 왼쪽 위에서 시작하는
곡선은 토륨엑스의 능력이 없어지고 방사기체를 생성하
는 것을 나타낸다. 100은 모체인 토륨으로부터 갓 분리
하였을 때를 나타낸다. 왼쪽 아래에서 시작하는 곡선은
토륨이 엑스의 성분을 잃은 후 방사 능력이 회복되는 것
을 나타낸다. 딱 4일 만에 토륨엑스는 활성의 절반을 잃
고 토륨은 절반을 다시 회복한다.

졌다. 유도에는 분명히 시간이 걸렸다.

토륨의 세기 회복과 토륨엑스의 세기 감소

그림을 그릴 시간이 되었다. 방사능(이 경우 베타 입자의 방출)과 토륨이 방사기체로 변하고 방사기체가 활성 부착물로 변하는 것 사이에는 어떤 관계가 있을까? 러더퍼드와 소디는 베타나 알파 입자의 방출이 방사성 변화를 일으킨다는 간단하고 혁신적인 답을 생각해냈다. 그러나 대부분의 연구자들이 복잡하게 생각한 것을 해결하고 나서도 그 주제는 더 깊은 미궁 속으로 빠져들게 된다. 1900년경, 베크렐이 우라늄염의 활성을 화학적 처리로 파괴하자 복잡성이 드러났다. 베크렐은 몇 달 후 그 염을 조사하면서 그것이 능력을 다시 얻었다는 것을 알았다. 그는 자신이 옳게 관찰했는지 의심을 품고 방사능을 다루던 영국의 화학자인 윌리엄 크룩스에게 그 결과를 조사해 달라고 부탁했다. 크룩스는 즉시 모든 우라늄염들에서 우라늄에서 나온 것과는 화학적 성질이 다른 방사성 생성물을 추출하고 분리하는데 성공했다. 크룩스는 이 방사기체에 '우라늄엑스(UX)'라고 표지를 붙였는데, 이것은 알고 있는 모든 것을 잘 표현한 방법이었다. 우라늄과는 달리 우라늄엑스는 베타 입자만을 방출하고 점점 그 세기가 약해졌다. 그러나 방출을 멈추자 거기에서 생긴 우라늄염은 다시 방사성이 되었다. 추출물의 멈춤이 그 원천을 소생시킨 것으로 보

크룩스(1832~1919)
영국의 화학자·물리학자. 방사선 물질의 스펙트럼을 분석하여 원소 탈륨을 발견하고, 크룩스관을 이용한 진공 방전의 연구에서 음극선이 전기적인 미립자로 이루어졌음을 추정했다.

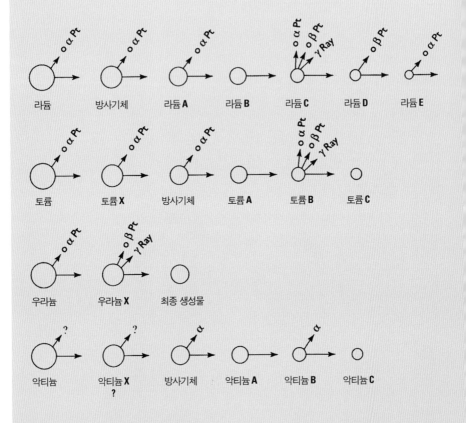

라듐 → 방사기체 → 라듐 A → 라듐 B → 라듐 C → 라듐 D → 라듐 E

토륨 → 토륨 X → 방사기체 → 토륨 A → 토륨 B → 토륨 C

우라늄 → 우라늄 X → 최종 생성물

악티늄 → 악티늄 X → 방사기체 → 악티늄 A → 악티늄 B → 악티늄 C

1904년에 작성된 방사성 붕괴에 관한 지식의 요약. 'α Pt'는 알파 입자를, 'β Pt'는 베타 입자를, 'γ Ray'는 고에너지 엑스선인 감마선을 나타낸다. 우라늄으로 시작하는 붕괴 계열은 라듐으로 시작하는 계열을 포함한다. 1907년에 확인된 라듐의 모체인 이오늄은 우라늄엑스로부터 3세대가 떨어져 있다.

였다.

1901년, 크리스마스 일주일 전 크룩스는 이런 이상한 현상을 맥길 대학교에 알려 주었다. 러더퍼드와 소디는 토륨에도 같은 방법을 시도하여 비활성 토륨과 베타선을 방출하는 토륨엑스(ThX)를 분리했다. 4일 만에 토륨엑스는 그 세기의 절반을 잃고 비활성 토륨은 처음 능력의 절반을 다시 얻었다. 러더퍼드와 소디는 이 모습을 토륨의 세기 회복과 토륨엑스의 세기 감소를 나타내는 두 개의 극적인 곡선으로 보여 주었다. 러더퍼드는 나중에 이 곡선을 그의 문장 방패 가운데 그렸다. 토륨엑스에 무슨 일이 일어났을까? 또 그것이 방사기체와는 어떤 관련이 있었을까?

방사성 붕괴 과정이 계속 되면 그 끝은 어떻게 될까?

1902년 중반에 이미 러더퍼드와 소디는 방사능에 의하여 나타나는 것처럼 '아원자 화학변화(아마도 알파나 베타 방출에 앞선 미립자들의 재배열)'에 의해 토륨(Th)에서 토륨엑스(ThX)가 생기고 토륨엑스에서 방사기체(Em)가 생긴다고 말할 수 있었다. 그해 말, 그들은 더 대담하고 분명하게 토륨이나 우라늄(U) 원자가 알파선을 방출하면서 토륨엑스나 우라늄엑스(UX) 원자가 되고, 토륨엑스나 우라늄엑스가 베타선을 방출하면서 토륨방사기체(ThEm)나 우라늄방사기체(UEm)가 된다고 했다. 같은 방법으로 방사기체들은 천연 방사성 붕괴 과정을 계속하는 활성 부착물을

알파 입자 휘기

전하를 가진 입자를 확인해주는 표시인 전하 대 질량의 비(e/m)는 전기력이나 자기력의 세기에 대해 방향을 바꾸려고 하지 않는 관성의 비를 나타낸다. 비교적 큰 질량을 가진 알파선을 휘기 위해서는 베타선을 휠 때보다 훨씬 더 강한 힘이 필요하다.

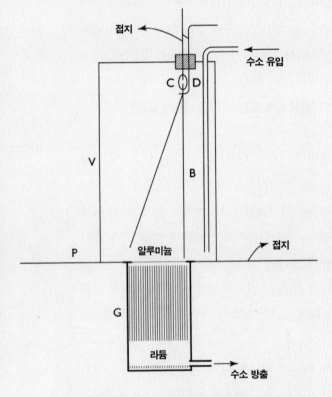

알파선이 물질 입자들의 흐름이라는 것을 증명하는데 사용한 장치.

러더퍼드는 퀴리 부인이 그에게 준 라듐이 전기장을 사용하는데 충분할 정도의 세기를 주는 선원을 제공하자 알파선을 휘는데 성공했다. 선원 세기와 장 세기 사이의 연관은 러더퍼드가 이용하던 전형적으로 간단한 장치의 그림에서 보인다.

아래쪽 용기의 바닥에 놓인 라듐은 평행한 판들 G를 통과하여 선을 검전기 V 안으로 내보낸다. 거기에서 선들은 공기를 이온화시켜서 검출기의 전하를 띤 잎에 충돌하게 만든다. 이는 러더퍼드와 톰슨이 엑스선에 의한 이온화 실험에서 발견한 기초적 효과이다. 그림에서 나타낸 수소의 흐름은 방사기체를 제거해서 방사기체와 그 생성물이 실험을 방해하는 것을 막아 준다.

일부 알파 입자를 판 안으로 도달하게 하는데 충분한 세기의 전기력을 얻을 수 있다면, 용기 V 안의 이온화는 멈추고 검출기 잎의 방전 속도는 사라질 것이다. 판들이 가까울수록 그것들 사이에서 생길 수 있는 장은 더 강해질 것이다. 그러나 분리 간격이 좁아질수록 V에 도달할 수 있는 선의 수는 더 적어지는데, 수직에 가깝게 발사된 것만이 전기장이 없더라도 판에 부딪히지 않기 때문이다. 방출되는 입자의 수가 많아질수록 가로지르면서 검출되는 수가 많아 틈새를 더 좁힐 수 있다. 그것이 러더퍼드가 강력한 선원을 필요로 한 이유였다. 같은 주장이 자기장에도 적용된다. 검출계의 충돌 속도가 최소값에 도달하였을 때 장의 값을 측정하여서 러더퍼드는 톰슨이 미립자를 발견한 것과 똑같은 방법으로 알파 입자의 전하 대 질량의 비(e/m)를 계산할 수 있었다.

방출한다. 끝은 어떻게 될까? 전세계가 붕괴될까? 우라늄 광과 토륨광에 헬륨이 존재하는 것은 결국 지구가 스스로 비활성 기체로 변환될 것이라는 것을 나타낼까? 이런 경고성 시나리오로 러더퍼드와 소디는 걱정하지 않았다. 그들은 자신들의 이론을 발표할 때 벌써 비록 증명은 할 수는 없지만 헬륨이 부산물이며 방사성 붕괴의 종말점이 아니라는 것을 알고 있었다.

그들의 중요한 증거는 알파선을 가시화한 러더퍼드의 실험이었다. 그전에 러더퍼드나 다른 사람들이 전기적으로나 자기적으로 알파선을 휘려는 시도를 했으나 실패했다. 이는 알파선을 엑스선과 같은 실체가 없는 것으로 생각하게 만든 중요한 증거였다. 그러나 마침내 러더퍼드는 라듐으로부터 나오는 상당한 양의 복사선에 매우 강한 전기장을 걸어 알파 입자들의 경로를 휘는데 성공했다. 복사선은 퀴리부인이 그에게 준 우라늄에서 나오는 것보다 약 19,000배가량 더 센 것이었다. 러더퍼드는 실험에 열중한 나머지 무의식적으로 장치가 자신의 몸을 통과하게 접지시켜서 심한 전기 감전을 당했다. 소디도 거기에 있었다.

"나는 그가 이슬람교 수도사처럼 몸을 움직이며, 마오리 말로 이상한 소리를 지르던 것을 기억하고 있다."

이런 수고 끝에 알파선을 볼 수 있게 된 것은 톰슨의 원자 모형과 러더퍼드-소디의 방사성 붕괴 이론에 들어맞았다. 베타 방출처럼 알파 방출에서도 원자는 화학종이 변화되는 과정에서 자신의 일부분을 방출한다.

알파 입자를 볼 수 있게 되자, 러더퍼드와 소디가 화학 변화가 일어나는 것으로 추측한 베타 방출보다도 알파 방출이 자발적 화학 변화 이론의 강력한 지지 증거가 되었다. 그 이유는 원자론의 중심에 놓여 있다. 베타 입자는 전자이다. 원자로부터 전자를 제거하면 이온화가 일어나는데, 이것은 원자의 물리적 성질은 변화시키지만 화학적 본질은 변화시키지 않는다. 톰슨의 원자 모형에서 전자의 손실을 포함하는 베타 방출은 이온화와는 어떻게 다를까? 케임브리지 대학교를 나오지 않은 소디는 아마도 방사성 붕괴와 이온화와 같은 일상적인 물리와 화학 과정들 사이의 심각한 차이를 러더퍼드보다 더 빠르게 알았을 것이다. 러더퍼드가 전기적·자기적으로 알파 입자를 붙잡고 그것으로부터 전하 대 질량비를 결정할 수 있게 되었을 때, 소디는 알파 방출이 화학종 변화의 결과라는 것을 곧 알았다. 비를 측정한 결과 알파 입자가 수소보다 최소한 두 배 더 큰 질량을 가졌으리라는 것을 나타내고 있었기 때문이다.

원소 주기율표에 의하면 원자량이 원소의 화학적 성질을 결정한다. 수소 원자의 질량인 원자량 1단위의 차이는 매우 큰 효과를 나타낸다. 원자량 40인 아르곤은 비활성 기체이지만, 원자량 39인 칼륨은 매우 반응성이 큰 금속이다. 러더퍼드와 그 학파는 결국 주기율표를 고치고 재해석했다. 소디는 이 일로 나중에 노벨상을 받는다. 1902년의 원소 주기율표에 나타난 원자량과 화학적 성질들 사이의 관계에서 원자는 알파 입자만큼 질량을 잃으면 필연적으로 종이 변화되는 것, 즉 한 원소가 다른 원소도 되는 것이 필요했다.

알파 입자가 수소 원자보다 더 무겁다면 그것은 알려지거나 알려지지 않은 어떤 가벼운 원소가 될 것이다. 이것은 금방 확인되었다. 우라늄광과 토륨광에 존재하는 헬륨이 길을 가리켜 주었다. 러더퍼드와 소디는 헬륨 원자에서 두 개의 전자를 제거한 것이라고 추측했다. 헬륨의 질량은 수소 원자의 4배 정도라고 알려져 있었기 때문에 계산에 의하면 알파 입자는 수소 이온의 2배의 전하를 갖는다. 러더퍼드는 이 추측을 확인하는데 여러 해가 걸렸다.

러더퍼드와 켈빈 경의 대결

소디가 협력한 알파 입자에 대한 업적은 새로운 방사능 과학에 커다란 공백을 남겨놓았다. 교과서가 부족했다. 러더퍼드는 책을 만들기 위해 서둘렀다. 책은 1904년에 출간되었다. 다음 해에 2판이 나오고, 독일어로 번역된 3판은 1913년에 나왔다. 이 책은 한 세대 동안 그 과목의 범위를 정해주며, 가장 널리 사용되었다. 대부분의 사람들에게 저술은 전임 직업이다. 그러나 러더퍼드는 저술 때문에 캐나다, 미국, 영국 등에서의 연구와 교육, 강연을 중단하지 않았다.

1904년, 러더퍼드는 런던에서 강연을 했다. 그 당시 80세이고 덕망이 있던 켈빈 경(윌리엄 톰슨)은 그 강연을 가

켈빈 경(1824~1907) 영국의 물리학자·수학자. 본명은 윌리엄 톰슨. 절대 온도의 개념을 수립했다. 전기 진동의 기초 이론을 확립하고 각종 전기계를 제작했다.

장 주의 깊게 듣는 사람들 중 한 명이었다. 러더퍼드는 강연 도중에 지구의 나이에 대해 언급했는데, 그것은 켈빈이 진화론과 싸우기 위하여 연구하던 것이었다. 켈빈의 계산에 의하면, 다윈이 주장한 아메바를 사람으로 변환시키는 데 필요한 시간 동안 지구와 태양이 지금과 같은 속도로 냉각되었다면 태양계는 오래전에 생명을 지탱하지 못할 정도로 냉각되었을 것이라고 했다. 러더퍼드와 소디의 붕괴 이론은 두 가지 면에서 켈빈의 주장에 나타난 오류를 지적한 것이 되었다. 방사성 붕괴 과정은 켈빈이 무시했던 열원을 제공했으며, 붕괴 속도는 그가 생각한 것보다도 지구가 훨씬 더 오래 되었다는 것을 보여 주었다.

대결은 피할 수 없는 것으로 보였다. 러더퍼드는 그것을 이렇게 설명했다.

"내가 강연장으로 들어섰을 때, 방은 반쯤 어두웠고 곧 켈빈 경이 눈에 띄었다…… 다행스럽게도 그는 잠들어 있었다. 내 이야기가 중요한 점에 이르렀을 때 나는 그 늙은 새가 일어나 앉아서 눈을 뜨고 나를 무섭게 쳐다보는 것을 보았다. 그 뒤 갑자기 영감이 떠올라 나는 켈빈 경이 전혀 새로운 열원이 발견되지 않는다는 조건으로 지구의 나이를 그렇게 정했다고 말했다. 그 예언적 발언은 지금 우리가 오늘 저녁에 말하려는 라듐을 나타내고 있다고 했다. 노인은 나에게 방긋 미소를 짓고 있었다."

노벨상을 기대하는 뛰어난 물리학자들

러더퍼드는 맥길 대학교에 있는 동안 맹렬히 일을 했다. 1902년 1월, 어머니에게 다음과 같이 편지 썼다.

"경쟁에서 뒤쳐지지 않기 위해 가능한 한 빠르게 내가 현재 하는 일을 발표해야 합니다."

"이 연구의 길에서 가장 훌륭한 주자는 파리에 있는 베크렐과 퀴리 부부입니다."

1903년에 프랑스의 주자들은 제3회 노벨 물리학상을 공동으로 수상했다. 그전 수상자들이 이미 예견한 대로였다. 1901년 제1회 노벨 물리학상 수상자는 뢴트겐, 1902년 제2회 수상자는 로렌츠와 제만이었다. 러더퍼드는 그들을 능가하기 위해 배의 노력을 했다. 1904년의 노벨상은 아르곤을 발견한 레일리에게 돌아가고, 램지는 화학상을 받았다. 이 소식을 듣자, 바로 얼마 전에 왕립학회에서 금메달을 수상한 러더퍼드는 메리에게 편지를 썼다. 그리곤 집에 돌아왔다.

"상을 받아야 할 차례를 기다리고 있는 톰슨과 같은 뛰어난 물리학자들이 있기 때문에 내가 계속한다면 10년 후에나 노벨상을 받을 수 있을 것이다."

톰슨은 1906년에 상을 받았다. 미국의 여러 대학이 뛰어난 물리학자들을 붙잡으려고 시도하는 동안 러더퍼드에 대한 기대도 커졌다. 러더퍼드는 모든 제안을 거부했다. 왜냐하면 그를 흔들만한 충분한 돈이나, 현재 가진 것

러더퍼드의 대학원생인 해리엇 브룩스가 그녀의 동료들
과 함께 서있다(1899년 사진). 러더퍼드는 맨 오른쪽에
있다. 브룩스는 맥길 대학교에서 석사학위를 받은 최초
의 여성이다.

보다도 더 훌륭한 실험실 시설을 약속해 주는 제안이 전혀 없었기 때문이었다. 그렇다고 맥길 대학교의 모든 것이 마음에 드는 것은 아니었다. 그는 캐번디시 연구소의 톰슨의 연구진과 경쟁할 만한 연구진을 결코 만들지 못했다. 물리학과에서 많은 학생을 가르쳤지만 아주 적은 학생들만이 연구를 계속했다. 러더퍼드는 몇몇 학부생을 연구 조교로 올려주었는데, 그 중 특히 해리엇 브룩스가 유명하다. 그녀는 러더퍼드와 함께 매우 정확하지는 않지만, 라듐 방사기체의 원자량 측정을 연구했다. 졸업 후 그녀는 케임브리지 대학교에서 톰슨과 함께 연구할 수 있는 장학금을 받았다.

러더퍼드의 방법을 배우기 위해 오는 학생들

한동안 그의 방법이 그가 쓴 교과서와 소디(소디는 1902년에 맥길 대학교를 떠나서 런던에서 램지와 함께 연구를 했다)의 강의를 통하여 널리 알려지기 전에는 대학원생들이 미국과 중부유럽에서 직접 배우러 왔다. 그러나 그 교류는 불확실했다. 러더퍼드가 있는 동안 단지 대여섯 명만이 실험실로 왔다. 첫 번째는 볼티모어에 있는 고셔 칼리지의 물리학과 학과장인 팬니 쿡 게이츠라는 여성이었다. 가장 성공적인 사람은 1905년에 몬트리올에 도착한 화학자인 오토 한이었다. 그는 독일 과학의 거두가 되었으며 핵무기와 원자 에너지에 이용되는 원자핵의 분열인 원자분열에

원자량
수소 원자의 배수로 나타낸 원자의 상대적인 질량.

한(1879~1968)
독일의 물리학자 · 화학자. 우라늄·토륨 따위의 핵분열을 연구하여 원자폭탄의 기초를 만들었다. 1944년 노벨 화학상을 받았다.

관한 발견으로 노벨상을 받았다.

한은 영어와 교육을 위해 램지와 함께 연구를 했었다. 그는 런던에 있는 동안 토륨과 토륨엑스 사이에 알파 방출 생성물을 발견해서 러더퍼드와 소디가 제안한 변환 서열을 복잡하게 만들었다. 그 생성물을 라디오토륨(RaTh)이라고 불렀다. 토륨엑스는 토륨방사기체(ThEm) 바로 앞의 물질이었지만 러더퍼드와 소디가 말한 것과 같이 토륨에서 직접적으로 생긴 것은 아니었다. 이 소식은 러더퍼드 진영을 우울하게 했다.

"한의 원소는 토륨엑스와 어리석음으로 만들어진 유일한 새로운 화합물이다."

이 말은 예일 대학교에 있는 그의 솔직한 친구인 방사화학자 버트란드 볼트우드가 러더퍼드에게 보낸 편지에서 한 말이다. 러더퍼드는 좋지 않은 이 평가를 받아들였다. 그는 램지의 연구실에서 이루어진 연구를 높게 평가하지 않았다.

"나는 한이 '물리를 얻고 그의 원소를 던져버릴 것'이라고 생각한다."

볼트우드에게 보낸 이 고상한 답변은 한이 곧 몬트리올에 도착한다는 것을 가리켰다. 곧 한은 화학적 실수를 치료하기 위해 물리학을 공부했다. 그럼에도 불구하고 한은 자신의 주장을 더 펼쳐서, 독일로 돌아간 후에도 추가로 두 가지 방사성 물질을 발견하여 머리를 더 혼란스럽게 만들었다. 그가 메소토륨(MsTh)들이라고 불렀던 그 물질들

메소토륨

토륨 계열에 속하는 방사성 금속 원소. 메소토륨 1과 메소토륨 2가 있는데 모두 베타선과 강렬한 감마선을 방사하며, 라듐의 대용품으로 의료·발광 도료 따위로 쓰인다.

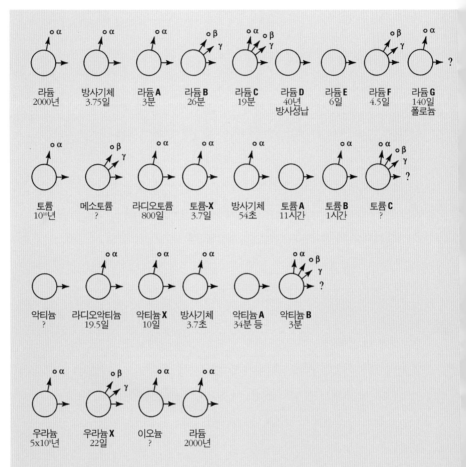

라듐
2000년

방사기체
3.75일

라듐 A
3분

라듐 B
26분

라듐 C
19분

라듐 D
40년
방사성납

라듐 E
6일

라듐 F
4.5일

라듐 G
140일
폴로늄

토륨
10¹⁰년

메소토륨
?

라디오토륨
800일

토륨-X
3.7일

방사기체
54초

토륨 A
11시간

토륨 B
1시간

토륨 C
?

악티늄
?

라디오악티늄
19.5일

악티늄 X
10일

방사기체
3.7초

악티늄 A
34분 등

악티늄 B
3분

우라늄
5x10⁹년

우라늄 X
22일

이오늄
?

라듐
2000년

1904년 이래 증가된 천연 방사성 붕괴(54쪽 참조)에 대
한 지식에는 우라늄 계열에서 라듐과 그 생성물의 배치
와 대부분 생성물들의 '반감기' 표시가 포함되어 있다.
반감기는 방사성 원소가 그 활성의 절반을 잃는 시간을
뜻한다. 여기에 주어진 토륨엑스(ThX)의 반감기 3.7일
은 러더퍼드와 소디가 1902년에 발견한 4일을 조금 개
선한 것이다.

은 모두 베타 방출체이며 붕괴 계열에서 토륨과 라디오토
륨사이에 위치한다.

복잡해진 러더퍼드 – 소디 계열

한이 러더퍼드 – 소디 계열을 복잡하게 만든 유일한 화
학자는 아니었다. 우라늄과 우라늄엑스 사이에도 둘 이상
의 방사성 생성물이 존재한다는 것이 판명되었다. 그것은
우라늄과 라듐 사이의 관계를 훨씬 더 복잡하게 만들었다.
라듐 바로 앞의 물질을 찾으려는 활발한 연구가 이루어졌
다. 볼트우드는 그것을 발견하고 1907년 이오늄이라는 이
름을 붙였다. 1899년에 퀴리 부부의 동료가 발견한 물질
인 악티늄으로부터 생기는 세 번째 방사성 계열은 알려진
천연 방사성 물질의 수를 증가시켰다. 세 가지 조상인 우
라늄, 토륨, 악티늄 모두에서 생겨난 방사기체들의 활성
잔류물 연구가 이루어짐에 따라 더욱 증가되었다. 러더퍼
드가 마침내 맥길 대학교를 떠난 1907년에는 수명, 방출
및 화학적 성질이 서로 다른 약 26가지의 방사성 물질이
확인되었다. 이것은 훌륭하기에는 너무 많았다. 붕괴 서열
을 결정하는 것은 무엇일까? 이런 모든 방사성 물질들이
어떻게 원소 주기율표와 관련될까?

러더퍼드와 소디는 각 방사성 종이 새로운 독특한 원소
라는 답을 내놓았다. 그것은 분명해 보였다. 우라늄과 토
륨은 그 방사능이 검출되었을 때 이미 주기율표에서 자리

이오늄
토륨의 방사성 동위 원
소. 해저 퇴적물의 연대
를 측정하는 데 쓴다. 원
자 기호는 Io, 원자 번호
는 90.

악티늄
1899년에 프랑스의 드
비에른이 발견한 방사성
원소. 질량수 207~230
까지 24개의 동위 원소
가 확인되었고 동위 원
소는 모두 방사성이다.
원자 기호는 Ac, 원자
번호는 89.

를 차지하고 있었다. 라듐은 바륨보다 더 무거운 것으로 밝혀졌으며 주기율표에서 알칼리토금속 족의 빈 칸으로 들어갔다. 같은 방법으로 폴로늄과 악티늄은 표에서 그들의 화학적 사촌인 텔루르와 란탄 다음에 맞아 들어갔다. 방사기체들은 비활성 기체 족에 속했다.

그러나 문제가 생겼다. 실제로 화학적으로 서로 다른 세 가지 비활성 기체가 존재할까? 그렇다면 주기율표에는 어떻게 표시될까? 조상인 우라늄, 토륨, 악티늄은 필연적으로 다른 원자량을 가져야 하며 아마도 그럴 것이다. 그러나 화학적 성질이 같지는 않더라도 매우 비슷하다고 나타났다. 이들은 어떻게 규칙을 따르면서 표에 들어갈 수 있을까? 규칙에 의하면 서로 다른 원자량을 가진 원소는 서로 다른 화학적 성질을 가진다. 원자량 순서로 늘어놓으면 비슷한 화학적 성질을 가지는 것끼리 모이는 서로 다른 족들로 분류된다.

맨체스터 대학교의 물리학연구소 연구소장이 되다

주기율표가 원소 과잉의 압력으로 고통을 당하기 시작할 무렵 러더퍼드는 거절할 수 없는 자리를 제안 받았다. 맨체스터 대학교의 물리학연구소는 맥길 대학교와 비슷한 시설과 장비를 갖추고 있었다. 또한 더 많은 연구진과 더 많은 대학원생, 그리고 연구소장이 마음대로 수여할 수 있는 존 할링 특별연구원 장학금을 자체적으로 가지고 있었다. 완전히 영국화된 독일인 소장 아더 슈스터는 음극선의 해명에 관한 연구를 했다. 그는 대학이 자신의 자리에 러더퍼드를 임명해 주어야만 은퇴를 하겠다고 했다. 러더퍼드는 영국 중부에 위치한 현대화된 연구소의 지도자가 될 기회를 얻었다. 그는 제안을 받아들였고, 존 할링 특별연구원 장학금을 헤리엇 브룩스에게 수여했다. 그녀는 받아들였지만 그 후 결혼 때문에 사임했다. 안타까웠지만 러더퍼드도 전혀 어떻게 할 수 없었다.

원소 주기율표

화학자들은 아르곤 족을 발견하기 바로 전에 더 간단한 물질로 분해할 수 없는 약 73가지의 원소 또는 물질을 알고 있었다. 원소의 화학적 성질을 가지고 있는 가장 작은 물질 단위는 원자이다. 심지어 아주 작게 보이는 물체에도 아주 많은 수의 원자가 존재한다. 예를 들면 이 문장의 마침표를 인쇄하는데 들어간 잉크 속에도 1조 개의 100만 배(10^{18}개)에 해당하는 원자가 들어 있다.

1900년의 화학자들은 주어진 원소의 모든 원자가 그 원소에 따라 독특하면서 똑같은 질량을 가지고 있다고 생각했다. 따라서 원소는 그 원자 중 한 개의 질량에 의해 충분히 확인할 수 있었다. 마침표 안에는 1조 개의 100만 배 정도의 원자가 들어가기 때문에 각 원자의 질량은 매우 작다. 가장 가벼운 원자인 수소 원자는 1킬로그램의 10^{27}분의 1에 불과하다. 1900년에 알려진 가장 무거운 원자인 우라늄 원자는 수소보다 238배 더 무거웠다. 다루기 어려운 숫자들을 피하고, 또한 1900년에는 원자의 절대 질량을 정확하게 알지 못했기 때문에 화학자와 물리학자들은 원자량을 수소 원자를 1로 잡고 그것의 배수로 나타내었다. 따라서 두 번째로 가벼운 헬륨의 질량은 4이고, 질소는 14, 아르곤은 40, 그리고 우라늄은 238이다. 모두 수소에 대하여 상대적인 질량을 말한다.

이런 정수들은 모든 원자들의 질량이 수소 원자의 정수배라는 것을 나타냈지만 염소의 35.45, 구리의 63.54, 수은의 200.59 같은 몇몇 원자량은 화학자들이 아무리 열심히 정제하더라도 결코 정수로 나오지 않았다. 무엇이 원자량을 결정하고 원자량이 어떻게 화학적 성질을 결정하는가 하는 의문은 방사능의 진보가 명확한 답을 내놓기 전까지 세기에 걸쳐 물리과학자들의 흥미를 자아냈다.

	I.	II.	III.	IV.	V.	VI.	VII.	VIII.
				RH$_4$	RH$_3$		RH	
Series	R$_2$O	RO	R$_2$O$_3$	RO$_2$	R$_2$O$_5$	RO$_3$	R$_2$O$_7$	RO$_4$
1	H=1							
2	Li 7	Be 9.4	B 11	C 12	N 14	O 16	F 19	
3	Na 23	Mg 24	Al 27.3	Si 28	P 31	S 32	Cl 35.5	
4	K 39	Ca 40	—44	Ti 48	V 51	Cr 52	Mn 55	Fe 56 Co 59 Ni 59 Cu 63
5	(Cu 63)	Zn 65	—68	—72	As 75	Se 78	Br 80	
6	Rb 85	Sr 87	(?)Yt 88	Zr 90	Nb 94	Mo 96	—100	Ru 104 Rh 104 Pd 106 Ag 108
7	Ag (108)	Cd 112	In 113	Sn 118	Sb 122	Te 125	I 127	
8	Cs 133	Ba 137	(?)Ce 140	—	—	—	—	
9	(—)	—	—	—	—	—		
10	—	—	(?)Er 178	(?)La 180	Ta 182	W 184	—	Os 195 Ir 197 Pt 198 Au 199
11	(Au 199)	Hg 200	Tl 204	Pb 207	Bi 208	—	—	
12	—	—	—	Th 231	—	U 240	—	

멘델레예프 원소 주기율표의 최종 형태(1871년)

원소들은 그 원자들의 원자량이라는 수에 의해 결정되기 때문에 순서대로 배열할 수 있다. 단순히 원자량에 따라서 일렬로 늘어놓는 것은 별로 흥미가 없어 보인다. 그러나 비슷한 화학적 성질을 가지는 원소들을 같은 열에 늘어놓고, 원자량이 비슷한 원소들을 순서대로 같은 줄로 늘어놓는 규칙에 따라서 이차원 형태로 나타내면 분명히 수에 의한 임의적 분류가 대단하고 신비한 힘을 가지는 마법사의 묘기가 된다.

이 표를 '주기율표'라고 하는데, 비슷한 원소들이 수평으로 어떤 간격을 두고 되풀이 되어 나타나기 때문이다. 위의 그림은 이런 형식으로 나타내는 것을 발명한 러시아의 화학자 드미트리 멘델레예프가 그린 초기의 표 중 하나이다. 그는 두 가지 규칙이 서로 충돌할 때, 즉 수평으로 정확하게 원자량 순서로 배열하면서 원소들이 다른 화학적 성질을 갖는 열로 들어갈 때는 빈 공간으로 남겨 두었다. 자연에

Groups.	0	I.	II.	III.	IV.	V.	VI.	VII.	VIII.
Series}	...	...	...	...	RH_4	RH_3	RH_2	RH_1	...
	...	R_2O	R_2O_2	R_2O_3	R_2O_4	R_2O_5	R_2O_6	R_2O_7	R_2O_8
1		H 1.008							
2	He 4	Li 7	Be 9.1	B 11	C 12	N 14.01	O 16	F 19	
3	Ne 20	Na 23	Mg 24.32	Al 27.1	Si 28.3	P 31	S 32.07	Cl 35.46	
4	A 39.9	K 39.1	Ca 40.09	Sc 44.1	Ti 48.1	V 51.2	Cr 52.1	Mn 54.93	Fe 55.85 Co58.97 Ni 58.68
5	—	Cu 63.57	Zn 63.37	Ga 69.9	Ge 72.5	As 75	Se 29.2	Br 79.92	
6	Kr 81.8	Rb 85.45	Sr 87.62	Y 89	Zr 90.6	Cb(Nb) 93.5	Mo 96	—	Ru 101.7 Rh103 Pd 106.7
7	—	Ag 107.88	Cd 112.4	In 114.8	Sn 119	Sb 120.2	Te 127.5	I 126.92	
9	—	—	—	—	—	—	—	—	
10	—	—	—	—		Ta 181	W 184		Os 190.9 Ir 193.1 Pt 195
11	—	Au 197.2	Hg 200	Tl 204.1	Pb 207.1	Bi 208			
12	—	—	Ra226.4	—	Th232.42		U238.5		

1909년의 원소 주기율표

아직 발견되지 않은 원소가 존재하며 공간을 채울 것이라고 추측하여, 그 자리에 들어갈 원소의 원자량과 화학적 성질을 그 위치로부터 올바르게 추론했다. 어디를 찾아보아야 할지를 알게 되자 화학자들은 곧 칼슘과 티타늄 사이, 알루미늄과 규소 아래의 빠진 원소들을 발견했다. 새로운 원소들은 발견자의 나라 이름을 따라서 스칸듐, 갈륨, 게르마늄(스웨덴, 프랑스, 독일)이라고 지었다. 이런 관습은 퀴리 부인이 그녀의 첫 발견물을 폴로늄이라고 부르기를 간청하면서부터 생겨났다.

1900년 이전에 확인된 방사성 원소는 원소표에 들어맞았다. 토륨(원자량 A=232)과 우라늄은 이미 자리를 잡았다. 라듐(A=226)과 폴로늄(A=210)은 알칼리토금속 족의 바륨 다음에 있는 빈칸과 비스무트(A=209)와 토륨 사이의 빈칸에 각각 맞아 들어갔다. 멘델레예프가 표를 작성할 때는 아르곤 족이 하나도 알려져 있지 않았기 때문에 아르곤 족은 표에서 자리가 없었다. 화학자들은 새로운 열을 만들고 헬륨

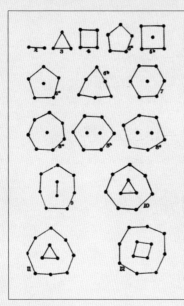 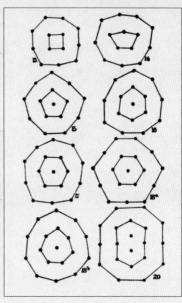

자기장에서 떠다니는 자석과 원자 내의 전자 배열 사이의 제이제이 톰슨의 비유(35쪽 참조)는 원소의 주기적 성질을 대충 설명했다. 떠다니는 자석 바늘은 수가 증가함에 따라서 스스로 동심원으로 배열된다. 이 그림은 끝에 잉크를 묻힌 바늘 위에 종이를 놓아서 만든 것이다.

(A=4)을 맨 위에, 라듐방사기체(A=222)를 그 바닥에 놓았다. 유일한 문제점은 아르곤(A=40)이었는데, 너무 큰 원자량을 갖고 있었기 때문이다. 화학적 성질에 따르면 칼륨(A=39) 앞에 와야 하지만, 표의 규칙에 따르면 그 다음에 와야 했다. 그러나 이 문제와 코발트와 니켈, 텔루르와 요오드의 역전은 방사능 연구로 깨끗하게 해결되었다.

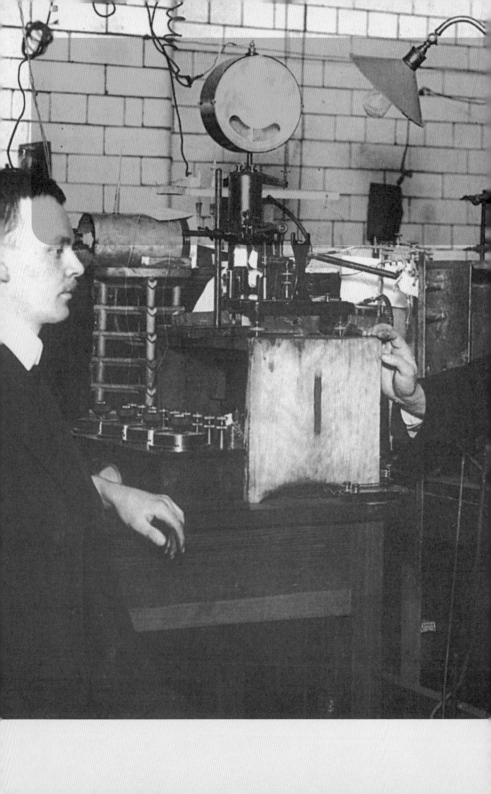

실체가 드러나는
미지의 원자 모형

3

1912년경 몬트리올에서 가이거(왼쪽)와 러더퍼드.

1907년 가을, 러더퍼드는 맨체스터에 도착했다. 맨체스터는 많은 먼지에도 불구하고 뛰어난 교향악단과 활기찬 극단을 가지고 있었다. 그러나 러더퍼드가 그 도시에서 관심을 가진 유일한 것은 자신의 연구소였다. 연구소는 그의 기대에 부응했다. 우수한 기계공과 유리 세공 기술자, 훌륭한 장비 그리고 협력적인 직원들이 있었다. 캐나다에 있는 가까운 동료인 이브에게 다음과 같이 편지를 썼다.

"모두가 유쾌하고 기꺼이 도와줍니다. 관습이 없다는 것이 가장 좋습니다."

대학원생들도 그를 기쁘게 했다. 볼트우드에게 쓴 편지에는 다음과 같이 표현되고 있다.

"나는 이 곳의 대학원생들이 교수를 거의 하느님 정도로 생각한다는 것을 알았습니다. 캐나다 대학원생들의 비판적 태도를 보아온 후라 매우 새롭습니다."

이 낙원에서 유일한 옥의 티는 실험실에 방사성 물질이 부족하다는 것이었다.

방사체인 라듐 사용의 어려움

러더퍼드는 곧 빈에 있는 동료 덕분에 가장 값비싼 방사체인 라듐을 충분히 공급받게 되었다. 당시 오스트리아 – 헝가리 연합제국의 일부이던 보헤미아는 우라늄광을 풍부하게 가지고 있었고, 오스트리아 학술원의 라듐연구소는 그들이 사용할 수 있는 이상으로 라듐을 가지고 있었다. 학술원은 알파 입자의 본질을 연구하는 러더퍼드를 위해 라듐을 빌려 주기로 했다. 그러나 대여물에 조건이 붙었다. 램지와 공동으로 사용해야 하고, 램지에게 배달이 된다는 것이었다. 램지는 배달된 라듐 전부를 일 년 이상 보유하고, 러더퍼드에게 매주 인편을 통하여 빈에서 온 시료와 자신이 갖고 있던 라듐에서 생기는 모든 방사기체를 보내주겠다고 제안했다. 러더퍼드는 항의했다. 램지는 고집을 피웠지만 적당한 시기에 빈에서 러더퍼드가 독립적으로 사용할 수 있는 또 다른 시료를 주었기 때문에 방사성 물질 싸움은 일어나지 않았다. 빈에서 온 알파선은 맨체스터에서 역사를 만들게 된다.

알파 입자의 전하 대 질량의 비 측정

러더퍼드는 1902년에 알파 입자의 전하 대 질량의 비를 대충 측정한 후 그 값의 정확도를 향상시킬 방법과 그 입자의 본질을 결정할 방법을 조사했다. 그가 맨 처음 측정한 결과는 수소 이온의 전하 대 질량의 비(e/m)를 9,650으로 기준을 삼은 척도에서 6,000이었다. 알파 입자와 수소 이온이 같은 전하를 가진다면 알파 입자의 질량은 수소의 1.6배 또는 러더퍼드 식의 대강 값으로 약 2배가 될 것이다. 알파 입자가 수소 이온보다 2배의 전하를 가진다면 그 질량은 수소 이온의 3배 이상, 러더퍼드 식의 대강 값으로 4배가 될 것이다. 실제로 헬륨 이온의 질량은 수소의 약 4배이다. 그것은 러더퍼드가 알파 입자와 이차 이온화된 헬륨 이온이 같은 것이라고 주장하는데 충분하였다. 헬륨 이온은 헬륨 원자가 두 개의 전자를 내놓은 것이다.

러더퍼드는 모든 알파 입자들이 본질적으로 같다고 가정했지만 그 가정한 확실한 증거가 전혀 존재하지 않았기 때문에 반대 의견이 많았다. 러더퍼드는 반대를 없애기 위해 서로 다른 방사성 물질들에서 나오는 많은 알파선을 조사하고 항상 거의 같은 전하 대 질량의 비(e/m) 값을 얻었다. 이 값은 원래의 것보다 더 작았다. 수소를 9,650으로 하였을 때 약 5,070이어서 헬륨의 전하 대 질량의 비는 수소의 절반이라는 러더퍼드의 가정을 지지해 주었다. 러더퍼드는 캐나다를 떠나기 전에 이 문제를 많이 연구한 상태였다. 드디어 맨체스터에서 모든 의문들을 해결할 수 있게 해주는 에를랑겐에서 온 한스 가이거와 빈에서 온 라듐이라는 조합을 갖추게 되었다. 가이거는 1906년에 독일에서 맨체스터로 슈스터의 조수로서 왔다. 러더퍼드는 그를 설득하여 계속 머무르며 알파 입자를 추적하는 것을 도와달라고 했다. 그들은 따로따로 발사되어 들어오는 각 알파 입자를 셀 수 있는 관을 만들었다. 나중에 그 관을 개선하고 소형화한 것이 핵물리학에서 없어서는 안 될 도구인 가이거 계수기이다.

가이거(1882~1945)
독일의 물리학자. 방사능과 우주선을 연구하여 1913년에 첨단 계수기를 발명했고, 1928년에 뮐러와 함께 가이거·뮐러 계수기를 고안했다.

가이거 계수기
가이거-뮐러 계수기라고도 한다. 방사선 검출기의 하나로써 방사선 입자의 입사로 생기는 기체 방전을 이용하여 그 입자를 하나씩 세는 장치이다. 계수 효율이 부정확해서 현재는 별로 쓰지 않는다.

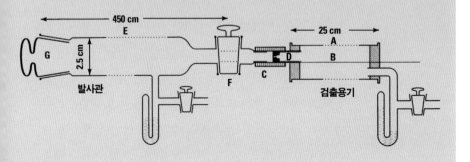

1908년에 가이거와 러더퍼드가 알파 입자를 세는데 사용한 실험 장치. 방사선원(여기에 나타내지 않았다)은 발사관(E) 외부로부터 자석에 의해 이동시킬 수 있는 속이 빈 철제 실린더 안에 놓여 있었다. F의 꼭지가 열리면 일 분당 세 개에서 다섯 개의 알파 입자가 C의 가는 통로를 통과해서 D에 있는 운모창으로 들어가서 검출용기 A 안의 기체를 이온화시켰다. 전선 B는 이온을 수집했다. 아래쪽의 수직관은 E와 A에 부분 진공을 만드는 펌프를 나타낸다.

알파 입자를 세는 계수기의 발명

초기 형태의 계수기는 중심에 작은 구멍을 가진 부품에 의해 연결된 두 개의 부분적 진공 유리관으로 구성되어 있었다. 한쪽 관에는 작은 유리 용기 안에 알파선 방출 선원이 들어있다. 작은 유리 용기의 벽은 선원은 빠져나갈 수 없지만 알파 입자는 투과할 수 있을 정도로 얇았다. 두 번째 관은 러더퍼드가 알파선과 베타선을 발견한 장치에 있던 것처럼 전기장 아래에 희박한 기체를 담고 있다. 방출하는 관의 길이와 구멍의 크기는 한 번에 한 개의 알파 입자가 계수용 용기에 들어갈 수 있게 만들었다. 알파 입자가 들어가면 기체를 이온화하고 전류가 관을 따라 연결된 전선으로 흘렀다.

이 방법으로 선원이 계수기 안으로 한 시간에 얼마나 많은 알파 입자를 방출하는지 알게 되자 러더퍼드와 가이거는 같은 시간에 모든 방향으로 방출되는 총 개수(N)를 계산할 수 있었다. 그것은 단순한 기하학 문제였다. 한 개의 알파 입자가 가지는 전하를 찾기 위하여 모든 개수의 입자를 전류계에 연결된 전도체 위에 붙잡았다. 전류계는 N개의 입자가 가진 전체 전하 Q를 나타내었다. 그 다음에는 러더퍼드와 가이거가 얻은 실험값을 가지고 전체 전하 대 총 알파 입자 개수의 비(Q/N)를 계산하여 쉽게 한 개의 알파 입자가 가진 전하를 계산할 수 있었다. 그 값은 캐번디시 연구소에서 확인한 전자가 가진 전하의 두 배 이상이었다. 러더퍼드의 초기 연구 결과에 의하면 알파 입자의 전하 대 질량의 비(e/m)는 수소의 절반이었다. 이 값과 러더퍼드와 가이거가 측정한 전체 전하 대 총 알파 입자 개수의 비(Q/N)값으로부터 알파 입자의 질량은 헬륨의 질량과 똑같은 4라는 것이 밝혀졌다.

노벨 화학상을 수상한 러더퍼드

이 확인 과정의 약점은 캐번디시 연구소의 가장 정밀한 측정값보다 약 150퍼센트나 더 큰 전하(e)값을 사용했다는 점이다. 전하에 대한 값과 알파 입자가 헬륨의 핵이라는 확인을 확실하게 하기 위해 러더퍼드와 대학원생들은 라듐 방사기체를 관으로부터 꺼내서 방사기체가 방출하는 알파 입자가 벽을 투과할 수 있는 얇은 유리관에 넣었다. 그들은 이 유리관을 봉한 후에 헬륨이 전혀 없고, 공기를 펌프로 뽑아낸 진공 용기 속에 넣었다. 방사기체가 얇은 안쪽 관 안에서 사라지면서 알파 입자들이 진공 용기 안으로 가로질러 들어왔다. 거기에서 전자를 얻어 헬륨 원자가 되었다. 충분한 양이 모이자 러더퍼드는 용기 안에 전기 불꽃 방전을 일으켜서 헬륨의 스펙트럼을 관찰했다. 그전에는 헬륨이 전혀 존재하지 않았었다. 이 우아하고 매우 간결한 실험은 1908년에 실시되었다. 그것은 적당한 때에 이루어진 것이었다. 그 해에 러더퍼드는 노벨상을 받았다. 그는 스톡홀름의 수상 강연에서 방사성 물질에서 나오는

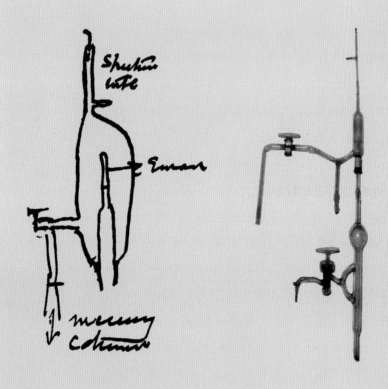

오른쪽 사진은 1908년에 러더퍼드와 토머스 로이드가
알파 입자가 헬륨 핵이라는 것을 보여주기 위하여 사용
한 장치이다. 왼쪽 그림은 러더퍼드가 그린 것으로써 이
그림을 보고 유리 세공 기술자가 장치의 윗부분을 만들
었다.

선들의 본질에 관한 연구를 회고하고, 알파 입자로부터 생성된 헬륨의 스펙트럼에 대한 극적 관찰로 끝을 맺었다.

러더퍼드는 제이제이 톰슨이 영광을 얻었던 노벨 물리학상을 받기를 기대했다. 그러나 그의 기대는 어긋났다. 노벨 화학상을 받은 것이다. 그에게 '멍텅구리'와 '화학자'는 거의 같은 의미였다. 그가 물리학자에서 화학자로 변환된 것은 그가 본 것 중에서 가장 빠르고 가장 기괴한 '붕괴'였다. 러더퍼드는 스톡홀름에서 열린 노벨상 연회에서 그렇게 말했다. 스웨덴 주빈들은 즐거워했다. 그들은 그 전환이 어떻게 일어났는지 알고 있었다.

러더퍼드는 캐번디시 연구소에서 측정된 작은 전하(e) 값에 비하면 큰 값을 얻었지만, 막스 플랑크도 복사 이론에서 똑같이 큰 값을 얻었다는 것을 알자 기운을 얻었다. 스웨덴의 화학과 물리 분야의 노벨상위원회는 정확한 측정값을 높이 평가했다. 그들은 같은 해에 플랑크가 물리학상을 받고 러더퍼드가 화학상을 받아야 한다고 합의했다. 이런 과정에서 플랑크의 복사 이론에 의해 유효성이 확인된 러더퍼드와 가이거의 개별적 이온을 세는 법은 현대의 물질 이론에 강력한 증거를 제공했다. 이러한 제안을 스웨덴 학술원이 거절했다. 학술원은 수상자의 최종적인 결정을 할 수 있는데, 그들은 플랑크의 이론을 의심했다. 결국 러더퍼드는 적절한 물리학상 상대자가 없이 화학상을 받게 되었다.

플랑크(1858~1947) 독일의 이론 물리학자. 열역학을 연구하고 열복사 이론에 양자 가설을 도입하여 양자 물리학의 이론을 개척했다. 1918년에 노벨 물리학상을 받았다.

노벨 화학상 축하연

러더퍼드가 이브에게 이야기한 바에 의하면 스톡홀름으로 가는 도중에 러더퍼드와 메리는 아주 즐거운 시간을 가졌다. 그의 노벨상 수상을 축하하기 위해 톰슨이 캐번디시 연구소에서 열어준 연회에 참석했다. 물리학자들 중의 한 사람이 러더퍼드와 수상에 기여한 중요한 협력자들에게 찬가를 불러 주었다. 노래의 일부는 다음과 같다.

나는 운명에 만족하는 알파선이었네
나는 라듐씨(RaC)로부터 해방되었고
바깥쪽으로 방출되었네……
나는 전속력으로 날아갔지
희박한 기체들이 나를 지나가지 못하게 했네
그러나 헤치고 내 길을 나갔지
나는 몇 번 격렬한 격투도 겪었지
그것을 이온화 시키기 위하여
파리처럼 붕붕거리며 맴도는
작은 미립자들을 정렬시켰네……
나는 '빌어먹을!' 이라고 중얼거렸지
(그것이 가장 못된 말이었지)
그리고 섬아연광 막에 부딪히면서
나는 섬광을 만들었네……
그러나 이제 나는 정착을 하고 아주 천천히 움직이려고 하네

1908년에 노벨 화학상과 함께 받은 상금으로 구입한 자동차를 타고 있는 러더퍼드 부부.

슬프도다, 나는 헬륨 기체였네
나는 무시무시한 번개를 맞았네

독일과 네덜란드를 거치고 영국해협을 건너서 돌아오는 여행도 역시 즐거웠다. 한은 베를린에 있는 중요한 물리학 실험실들을 모두 돌아보는 여행을 주선했다. 새로운 화학 상 수상자를 위한 작별 연회에 베를린의 모든 물리학자들이 참석했다. 라이덴에서 러더퍼드는 로렌츠를 방문했다. 라이덴의 연구는 톰슨의 미립자를 원자의 보편적인 구성 성분으로 만드는 열쇠가 되었다. 노벨상이 만들어준 여행은 러더퍼드가 케임브리지로 돌아오는 것으로 끝나지 않았다. 그는 상금으로 자동차를 사서 연구소의 기계공이 운전하게 했다. 러더퍼드는 여행을 좋아했다. 그는 영국과 유럽으로 자동차 여행을 하며 그전의 대학원생들을 만났다. 또 배로 미국, 캐나다, 오스트레일리아, 뉴질랜드, 남아프리카를 여행했다. 그는 열심히 일을 했지만 항상 휴가는 즐겼다. 일 년에 두 번 정도의 휴가를 추운 영국의 해안가나 따뜻한 리비에라 해안가에서 지냈다.

믿을 만한 계수기를 만들기 위해

러더퍼드와 가이거는 계수기가 믿을 만하게 작동하도록 만드는데 어려움을 겪었다. 모든 알파 입자가 계수관으로 내려오면서 같은 수의 이온을 만들지 않았다. 수의 차이가

알파 입자에서 생긴 헬륨

네온 관이나 나트륨 등처럼 기체에 전기를 통과시키면 기체는 구성하고 있는 원자의 특성에 따라서 빛을 낸다. 이 빛은 프리즘을 통해 보면 불연속적으로 색을 가진 선명하고 밝은 선들이 몇 개 나타난다. 이것들을 집합적으로 스펙트럼이라고 하는데 원자의 스펙트럼은 실제로 원자량보다도 그 본성을 나타내는 훌륭한 지표가 된다.

물리학자들은 원자 안에서 운동하는 전자들이 스펙트럼선을 만든다고 생각했다. 1908년에 러더퍼드는 알파 입자가 전자를 함유하고 있어서 스펙트럼을 가진다고 생각했다. 그러나 아무도 그것을 본 적이 없기 때문에 그는 그것이 가시광선으로 구성되어 있지 않다고 가정해야 했다.

반대로 헬륨은 잘 알려지고 쉽게 관찰할 수 있는 아름다운 스펙트럼을 가진다. 그래서 러더퍼드는 헬륨이 없는 용기를 가지고 시작해 그 안에 알파 입자를 쏘아 넣었다, 실험이 계속됨에 따라서 점차적으로 선명하게 나타나는 헬륨의 스펙트럼을 보았다. 그는 그 입자들이 가시광선 스펙트럼선을 나타나게 하는데 필요한 전자를 얻었다고 추론했다. 알파 입자와 전자가 합쳐진 것이 헬륨 원자로 나타났기 때문에 헬륨 원자에서 전자를 뺀 것이 알파 입자가 되는 것이다.

너무 커서 한 번에 한 입자가 계수기 안으로 들어간다는 기본적 가정을 위협할 정도였다. 그것을 연구하고 설명을 해야 했다. 오랜 연구 끝에 그들은 이온화 전류의 차이를 추적하여 그 이유가 장치와 충돌하거나 남아 있는 기체 분자와 충돌하여 생기는 알파 입자의 기울어짐 때문이라는 것을 알아냈다. 기울어진 입자들은 계수기를 통과하면서 똑바로 내려오는 것보다 더 짧거나 더 긴 경로를 지나야 했다. 경로 길이가 생성되는 이온화의 양을 결정하고 따라서 판에 모아지는 전류를 결정했다.

경로를 균일하게 만들기 위해 계수관의 길이를 점점 길게 만들었다. 계수관을 거의 5미터까지 늘였다. 이제 그들의 목적에 맞게 잘 작동했지만, 러더퍼드와 가이거는 여기서 멈출 수 없었다. 러더퍼드는 알파 입자를 전자와 같은 하찮은 것이 아닌 원자 크기의 구조로서 나타냈다. 전자는 어떤 전자기 미풍에도 뒤흔들릴 수 있었지만 원자는 격렬하고 강력한 러더퍼드의 복사선 중 하나였다. 그는 충돌로 인해 이온화 궤적에 영향을 미치기에 충분할 정도로 알파 입자가 경로에서 튀어나올 수 있다는 것에 놀랐다. 그래서 가이거에게 원자가 공격해오는 알파 입자를 얼마나 멀리 밀어낼 수 있는지 알아보라고 했다.

알파 입자를 밀어내는 원자에 대한 연구

가이거는 장치를 적절하게 변형했다. 입자가 지나는 길

에 얇은 금속 막을 놓고, 계수기를 입자가 충돌하면 살짝 번쩍이는 빛을 내는 형광 막으로 교체했다. 그는 이런 번쩍임을 어두운 방에서 현미경으로 관찰했다. 금속 막을 제거하자 번쩍임들은 모두 관의 축 가까운 부근에서 발생했다. 그 곳에 알루미늄 막을 놓자 번쩍임이 일어나는 면적이 확대되었다. 금으로 된 막을 놓자 그 면적은 더 확대되었다. 몇 개의 알파 입자들은 상당한 각으로 꺾여서 처음 형광 막의 영향을 받던 영역에서 멀리 떨어진 곳에 충돌했다. 실제로 가이거는 한계를 찾아낼 수 없었다. 러더퍼드는 알파 입자들이 금박에서 다시 튀어나와 선원 쪽으로 되돌아가는지 조사할 것을 제안했다. 대학원생 연구 조교인 어니스트 마스덴이 실험에 합류했다. 마스덴은 나중에 존 할링 특별연구원이 되고, 가이거의 뒤를 이어서 러더퍼드의 조수가 되었으며, 뉴질랜드에서 물리학 교수가 되었다. 그들은 튀어서 날아가는 입자들을 곧 찾아냈다.

이 성공은 러더퍼드를 놀라게 했다. 그는 이것을 자신이 보아온 것 중에서 가장 믿기 어려운 사건으로 즐겨 회상했다. 원자의 자살보다도 이상하고, 대포알이 휴지 한 장에 의해서 도로 튀어나온 것만큼 기괴했다고 말하곤 했다. 광속에 가까운 속도로 헤치고 달려오는 큰 전하를 가진 입자를 되돌려 보낼 수 있는 강한 힘이 원자 어디에 자리하고 있을까? 결코 측정 기기로 알아내기 힘든 이 어려운 의문을 그림으로 나타내는 영국 물리학과 자신의 생생한 상상력이라는 두 가지 능력으로 해결했다. 러더퍼드는 이 연구

형광

빛이나 빠른 아원자 입자들과 충돌했을 때 어떤 물질이 빛나는 것.

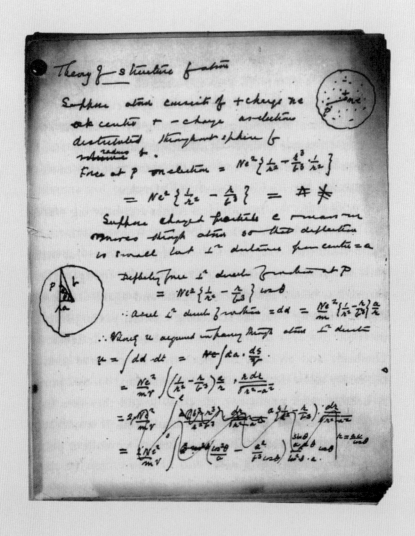

1910년에 러더퍼드가 작성한 핵을 가진 원자 이론에 대한 최초의 그림. 위쪽의 그림은 원자의 전자들이 산란을 일으키는 +ne로 표시한 핵인 작은 양전하 중심 주위를 회전하고 있음을 보여준다. 아래쪽 그림은 원자를 통과하는 알파선의 경로(수직선)를 보여준다. 산란 과정에 톰슨의 지적 유물인 전자를 포함시키면 러더퍼드가 종이의 아래쪽에 지워버린 불필요한 계산을 해야 했다.

로 현대 원자 이론의 기반을 만들었고, 톰슨이 엑스선의 발견을 이용하기 위해 구성했던 것보다도 더 강력한 연구진을 관장하게 되었다.

톰슨 원자 모형의 오류

1909년 당시 이미 톰슨은 원자에 대한 자신의 모형을 가지고 있었다. 때문에 얇은 금박에서 관찰된 알파 입자의 되튐 현상은 매우 큰 파장을 불러일으켰다. 톰슨은 원자의 전체 질량은 그것의 미립자들 때문에 생기며 가장 가벼운 원자인 수소조차도 1,000개 이상의 구성 성분을 가진다고 했다. 그는 더 깊이 조사하기 위해 새로 발견된 선들이 금속 막을 투과하는 연구 방법을 발명했다.

엑스선이나 음극선은 원래의 한계를 지나면 금속막에 있는 원자의 미립자들과 충돌하기 때문에 퍼질 것이다. 톰슨은 그 퍼짐이 존재하는 미립자의 수에 비례한다는 합리적인 가정을 했다. 그러나 실험에 의하면 이런 가정에서 생기는 거의 200,000개의 미립자들이 금 원자 안에 존재할 곳이 전혀 없었다. 금의 원자량은 197이고, 수소가 1,000개의 미립자를 갖는다면 금은 약 200,000개의 미립자를 가질 것이다. 금이나 다른 무거운 원소들은 얼마나 많은 미립자를 가질까? 톰슨은 자신의 답을 원소의 원자량(A)과 그것의 미립자 수(n) 사이의 비로 표현했다. 그는 1906년에 이미 미립자 수 대 원자량의 비(n/A)가 1,000에서부터 약 2까지 내려갈 수 있다는 것을 밝혀냈다. 여기에 중요한 두 가지 결과가 뒤따랐다. 한 가지는 미립자들을 함께 결합시키는데 필요한 원자의 양성 부분이 대부분의 원자 질량을 가진다는 것이다. 다른 한 가지는 미립자 수 대 원자량의 비(n/A)가 2인 것이 수소나 헬륨 같은 가벼운 원소에도 적용된다면 톰슨의 원자 모형은 살아남기 위해 힘든 싸움을 해야만 할 것이라는 점이다.

원자핵의 발견

전자기학 법칙에 따르면 전하를 가진 입자가 원운동을 하면 에너지를 내놓아야 한다. 톰슨 원자 모형의 전자들 (미립자들)은 모든 운동에너지를 내놓고 원자의 중심으로 떨어져 죽어야만 하는 위험에 처하게 되었다. 또한 원자에 있는 다른 전자들에서 나오는 반발력에 의해 궤도들이 파괴될 위험에 부딪히게 되었다. 톰슨은 원 궤도가 많은 전자들을 포함하면 혼란을 피할 수 있다고 했다. 그러나 이런 해법은 가벼운 원소, 특히 수소에는 이용될 수 없었다. 수소는 그의 미립자 수 대 원자량의 비(n/A) 규칙이 맞는다면 단지 두 개의 전자를 가지기 때문이다.

톰슨의 그림에서 알파 입자는 6개의 전자를 가져야 한다. 미립자 수(n)=2원자량(A) 규칙에서 얻은 8로부터 이온화된 2를 뺀 것이다. 따라서 금속 원자를 관통하면 여러 쌍의 입자들 사이에 상호작용이 존재하게 된다. 충돌 과정은 두 개의 유성 무리가 서로 교차하여 지나가는 것과 같다. 그 다음에 러더퍼드의 알파 입자들은 어떻게 방향을 바꾸게 될까? 알파 입자의 전자들과 표적 원자의 전자들의 충돌은 전자들에게는 심각한 문제가 되겠지만, 알파 입자나 원자에게는 그렇지 않을 것이다. 러더퍼드는 충돌에서 알파 입자를 전체적으로 되튀게 하는데 효과적인 유일한 방법은 원자의 모든 양전하를 한 점에 모으는 것이라고 추론했다. 그렇게 되면 그것들은 외부의 전하를 가진 입자들에 대항하여 모두 함께 작용하게 될 것이다. 원운동을 하고 있는 전자들은 통과하는 알파 입자에 거의 영향을 주지 않을 것이다. 러더퍼드가 원자핵이라고 부르는 집중된 양전하는 가이거와 마스덴이 관찰한 것과 같은 방법으로 알파 입자의 궤적을 휘게 하는 힘을 가지고 있었다.

이 가상의 중심은 어디에 있고 크기는 얼마나 될까? 그 당시 러더퍼드는 알파 입자를 원자만큼 크다고 상상했다. 알파 입자를 금속 막에 쏘아서 그 위치를 결정하는 것은 은행에 로켓을 쏘아서 금고를 찾는 것과 같을 것이다. 그는 알파 입자가 산란 중심과 만나는 것에 대해 여러 번 생각하고 그것들의 입장에 서서 생각하여 미는 힘과 휘는 정도를 계산했다. 그리고 점점 무의식적으로 무거운 알파 입자를 원자의 모습이 아닌 점으로 그리게 되었다. 헬륨 원자에서 전자 두 개를 뺀 것은 원자에 비하여 매우 작은 물체일 것이다. 이것은 전자도 가지지 않을 것이다. 또한, 2개의 양전하를 가진 벌거벗은 핵으로 거의 점과 같을 것

핵
양전하를 가지는 원자의 중심으로써 원자의 전자 구조가 차지하는 부피에 비하여 매우 작다.

이다.

러더퍼드의 원자핵 모형과 톰슨의 모형

알파 입자에 관한 미립자 수 대 원자량의 비(n/A)는 톰 슨이 예측한 2가 아니라 2분 1이었다. 금의 경우는 어떨 까? 미립자 수=400을 필요로 하는 톰슨의 규칙을 적용하 면 표적 핵과 알파 입자의 점 사이에서 밀기가 일어나기에 는 너무 큰 값이 나왔다. 그러나 100정도의 핵전하는 그 현상을 완벽하게 설명해 주었다. 따라서 러더퍼드의 생각 을 따른다면 주기율표의 양 끝에 있는 가벼운 원소와 무거 운 원소에서 원자에 있는 전자의 수는 그 원자량의 절반가 량이다. 매우 만족스러웠다. 그러나 여전히 많은 문제들이 있었다. 예를 들면, 금의 핵에서 100개의 전하들이 어떻게 함께 모여 있을까?와 같은 의문이었다. 이 문제는 금의 핵 이 알파 입자보다 50배나 더 무겁지만 더 많은 공간을 차 지하지는 않는 것으로 보였기 때문에 더 흥미를 자아냈다. 최소한 충돌 이론을 위해서는 금의 핵은 알파 입자보다 더 작아야 했다. 또 알파 입자는 전자보다 작아야 했다. 크기 는 질량의 믿을만한 표지가 아니었다.

알파 입자와 물질 사이의 충돌 모형으로 러더퍼드의 원 자 핵 모형보다 더 훌륭한 것은 있을 수 없었다. 그러나 러 더퍼드의 모형은 불안정성 때문에 톰슨의 모형보다 더 어 려움을 겪어야 했다. 방사능이나 충돌과 연관짓지 않고,

원소의 특징적인 스펙트럼선과 다른 현상들의 기원을 설명하려는 시도는 원자의 전자들이 원자핵 주위를 원운동하고 있다는 톰슨의 생각을 따르는 것이 필요했다. 이는 행성 주위를 회전하고 있는 토성 고리의 구성 성분들처럼 전자들이 원자의 핵 주위를 회전하고 있다는 것을 의미했다. 그러나 토성 고리를 구성하는 물질들과 달리 전자들은 서로 반발하기 때문에 원자들은 불안정했다. 아주 조그만 충격도 러더퍼드의 원자 모형을 분해시켜 버릴 것이다.

더욱이 매우 가벼운 원소의 원자는 복사에 의해 에너지를 빠르게 잃을 것이다. 가장 좋지 않은 경우가 핵 모형에 의해 단 한 개의 전자를 가지는 수소이다. 그 다음은 두 개의 전자만을 가지는 헬륨이다. 두 개로 된 고리도 복사를 약간은 보호하는데 각 전자가 서로 다른 전자에서 방사되는 에너지의 일부를 흡수하기 때문이다. 수소의 단 한 개의 전자는 어떤 에너지도 받지 못하고 방출되면서 곧 나선형을 그리며 재빨리 핵으로 떨어질 것이다. 러더퍼드의 모형에 따르면 우주에는 수소가 전혀 없어야 한다. 러더퍼드 연구소에 있던 덴마크 출신 박사 연구원인 닐스 보어가 수소의 존재에 대한 설명에 매우 열중하게 되었다.

연구에 참여한 보어

주기율표의 첫 부분에서 이웃하는 원소들 사이의 평균 원자량 차이는 약 2이다. 러더퍼드의 미립자 수(n)=2분의

보어(1885~1962)
덴마크의 물리학자. 한계의 에너지는 일정한 불연속인 값들로 제한되어 있다는 양자론을 원자 구조와 분자 구조에 최초로 적용했다. 1922년 노벨 물리학상을 받았다.

모즐리(1887~1915)
영국의 물리학자. 원자
번호와 원자핵의 전하량
사이의 관계를 밝혔고,
여러 가지 원소가 지니
는 고유 엑스선의 파장
을 측정·비교하여 '모
즐리의 법칙'을 발견했
다. 제1차 세계 대전 때
에 전사했다.

헤베시(1885~1966)
헝가리의 화학자. 원소
하프늄을 발견하고 방사
선 동위 원소체를 화학
반응에 트레이서로써 이
용하는 방법을 고안했
다. 1943년에 노벨 화학
상을 받았다.

원자량(A/2) 규칙을 따르면 가장 가까이 있는 이웃 원자들의 경우 단 한 개의 전자가 차이 난다는 것을 예상할 수 있다. 옥스퍼드 출신 연구대학원생인 헨리 모즐리는 이 관계를 열심히 연구했다. 핵 내부에 방사능의 자리를 배치하고 전자 고리에 이온화 자리를 배치했다. 이렇게 톰슨 원자에서는 한 덩어리로 함께 일어나는 과정을 그림으로 나타내어 구별했다. 이는 게오르그 폰 헤베시라는 헝가리에서 온 연구원에 의해 상세하게 제시되었고, 당시 글래스고 대학교의 교수이던 소디에 의해 1913년에 매듭이 지어졌다. 보어, 헤베시, 모즐리는 모두 1912년에 러더퍼드의 연구소에 있었다.

닐스 보어는 제이제이 톰슨과 함께 연구하기 위해 영국으로 왔다. 그는 나중에 이렇게 말했다.

"나는 당시 케임브리지 대학교 전체를 물리학의 중심이라고 생각했어요. 그리고 톰슨은 가장 훌륭한 사람이고, 모든 사람에게 길을 가르쳐 주는 천재라고 생각했지요."

보어는 1911년 9월 코펜하겐 대학교에서 박사학위를 마치자마자 도착했다. 그는 약혼녀에게 다음과 같이 편지 썼다.

"나는 오늘 아침 가게 앞에 서서 우연히 그 곳 문에 적힌 케임브리지라는 주소를 보고 매우 즐거웠다오."

톰슨은 보어를 친절하게 받아들였다. 그러나 보어는 이렇게 계속 썼다.

"톰슨은 내가 어떤 것에 대해서만 이야기한다고 여긴

다오."

그 '어떤 것'은 톰슨의 업적에 대한 몇 가지 비판이었다. 보어가 원했던 협력은 이루어지지 못했다. 톰슨은 자신의 실수를 조사할 마음이 전혀 없었고, 보어의 불확실한 영어를 잘 알아들을 수 없었다. 보어는 케임브리지 대학교에서 두 학기를 지낸 후 방사능 실험에 대해 좀더 배우기 위해 맨체스터 대학교에 있는 러더퍼드에게 왔다. 그는 즉시 핵을 가진 원자 연구에 참여하게 되었다.

보어는 어려서부터 부모님의 철학적 영향으로 독특한 성격을 가지고 있었다. 아버지는 코펜하겐 대학교의 생리학 교수였고, 덴마크에서 영향력 있는 철학자들을 포함하는 지식인 클럽에 속해 있었다. 보어는 단지 대부분의 물리학자들이 그 근본적 불안정성 때문에 러더퍼드의 모형을 좋아하지 않는다는 이유만으로 오히려 그 모형을 좋아했다. 모형의 직경을 고정해 줄 물리학적 원리가 전혀 존재하지 않았고 그 고리들은 불안정했다. 때문에 원자의 크기를 측정하고, 그것이 존재하는 이유를 성공적으로 설명하기 위해 몇 가지 가정을 추가했다. 1912년 여름에 이미 보어는 플랑크의 복사이론과 관련해 좋은 아이디어를 가지고 있었다. 그는 동생에게 다음과 같이 편지를 썼다.

"나는 원자의 구조에 대해 좋은 생각을 찾아낸 것 같다. 만일 내가 옳다면 이제 톰슨 이론처럼 자연의 가능성을 보여주는 것이 아니고 실체의 작은 조각이 될 거야."

이론가 보어

양자 조건

작용량 양자의 존재에 의해서만 생겨나는 물리계의 역학적 행동에 대한 제한.

양자 도약

두 정상상태들 사이의 전자의 전이.

정상상태

보어의 원자 이론에서 양자 조건을 만족하는 궤도로써 그 안에서는 전자들이 복사선을 내놓지 않고서도 운동할 수 있다.

작용량 양자(h)

자연에서 교환될 수 있는 '작용량' (작용하는 에너지와 시간의 곱 또는 운동량과 그것이 작용하는 거리의 곱으로 정의됨)의 최소 값.

실체의 작은 조각은 핵을 가진 원자의 고리 지름이 플랑크가 1900년에 도입한 양자라는 에너지 인자의 크기에 의해 정해진다는 가정이다. 보어는 전자의 질량과 속도와 핵으로부터의 거리의 곱이 정확하게 1양자라고 발표했다. 보어는 혼자만의 설명에서 원운동을 하면서 복사를 해야 하는 조건을 만족하도록 전자를 해방시켰다. 또한 역시 혼자만의 생각으로 자신의 양자 조건을 따르는 원자의 전자들을 궤도에 정렬시켰다. 그것들은 학계의 인정된 물리학 이론에 따라서 가벼운 원자들을 서로 밀쳐야 하는 힘에 반응하지 않았다. 이론가들은 이런 종류의 일을 할 수 있다.

덴마크로 돌아온 후 보어는 러더퍼드 모형에 대한 자신의 양자 이론이 수소와 일차 이온화된 헬륨의 스펙트럼선의 색을 예측할 수 있다는 것을 발견했다. 그는 단지 전자들을 위해 보호된 궤도들('정상상태'라고 불렀다)만을 추가했다. 이 궤도들은 전자의 질량과 속도 그리고 핵과의 거리의 곱이 1양자, 2양자, 3양자, 4양자 또는 그 이상의 양자와 같다는 조건을 만족시켰다. 보어에 따르면 정상상태에서 전자는 복사를 하지 않는다. 스펙트럼선들은 소위 '양자 도약'이라고 부르는, 전자가 한 정상상태에서 다른 정상상태로 전이되는 동안에만 발생했다. 도약이 클수록 선은 청색에 가까워졌다.

보어의 원자설

1910년경 플랑크의 복사 이론에 따르면 원자 안에 묶여있는 양자화된 전자는 톰슨의 미립자가 가지는 자유를 가지지 못한다. 영국 물리학계의 자유방임주의 세계에서 미립자는 물리학의 보통 법칙을 따르거나 원자의 중심으로부터 원하는 어떤 거리에서나 회전을 할 수 있었다. 보어와 다른 연구원들은 각 전자가 1양자의 '작용량' 이상을 가질 수 없다고 제한했다. 작용량은 일정한 물리량이며, 운동량(입자의 질량 곱하기 속력)과 운동량이 작용하는 거리의 곱이다.

플랑크는 이 곱의 최소값을 정했다. 그것을 기호 h로 나타냈다. 궤도 $2\pi r$의 원주를 적절한 거리로 잡는다면 새로운 규칙은 $2\pi mvr = h$가 될 것이다. 보어는 이 규칙을 러더퍼드 원자에 대한 자신의 판에 적용시켰다. 한 가지 예외를 가진 물리학의 일반적인 법칙과 함께 기본상수인 e, m, h로부터 원자의 크기를 결정해 주는 새로운 규칙을 궤도에 적용했다. 일반 법칙의 예외는 $2\pi mvr = h$인 전자들은 에너지를 복사하지도 궤도로부터 벗어나지도 않는다는 것이다. 그러나 그 기작을 설명할 수는 없었다.

h: 플랑크 상수

π: 원주율

r: 반지름

m: 전자의 질량

v: 전자의 속도

e: 전자의 전하

보어의 이론에 대한 러더퍼드의 비판

보어는 영국 잡지에 발표하기 전에 그의 논문을 러더퍼드에게 보냈다. 러더퍼드는 약점을 지적해 주었다.

플랑크의 아이디어와 구식 역학의 혼합은 물리학적 아이디어(즉, 그림)의 전체 근거로 삼기엔 매우 어렵습니다. 당신의 가정에서, 물론 당신은 잘 이해하고 있으리라 생각하지만, 한 가지 이해하기 어려운 곳이 있습니다. 전자가 정상상태에서 다른 정상상태로 전이될 때, 전자가 어떤 진동수에서 진동할 것인가(즉, 어떤 색을 방출할 것인가)를 결정하는 문제입니다. 나는 전자가 언제 멈추어야 하는지 미리 알고 있어야 한다는 가정이 필요하다고 생각합니다.

이런 비판에도 불구하고 보어는 원자에 대한 추론을 더욱 확장했다. 전자의 도약은 물리적 진동과는 아무 관계가 없다. 전자가 도약하는 동안의 활동은 설명할 수가 없다. 간단히 말해서 물리학자들의 공간, 시간, 운동의 일반적 개념은 원자 안에 들어있는 전자의 활동에는 적용되지 않는다고 했다.

아인슈타인은 방출하는 빛의 색깔로부터 전자들의 움직임을 알아 낼 수 있다는 보어의 이야기를 처음 들었을 때 그것을 확실하다고 선언했다. 그에게 알려준 헤베시는 당시 휴가로 유럽을 여행하고 있었는데, 나중에 러더퍼드에게 아인슈타인의 반응에 대하여 이렇게 말했다.

"보어의 이론이 옳다면 그것은 매우 중요한 것이다라고 하기에, 내가 보어의 예측을 확인해 준 이온화된 헬륨의 선들에 관한 실험에 대해 이야기해 주었습니다. 그랬더니 아인슈타인의 큰 눈이 더 커지면서 내게 말했습니다. 가장 위대한 발견 중 하나다라고요."

보어가 제시한 형태의 러더퍼드의 모형은 양자역학뿐 아니라 원자물리학의 발전을 위한 수단이 되었다. 또 핵 모형은 가장 위대한 발견들 중 하나였다. 다른 많은 결과들 중에서도 보어의 양자화 이론으로 물리학자들은 톰슨과 러더퍼드의 생각이 이끌어 온 원자 내부에 대한 직관적 그림을 포기했다. 성공적인 물리학 이론의 한 가지 특성은 자신의 교체자로 가는 길을 가리켜 준다는 것이다.

또 한 명의 뛰어난 제자 모즐리

보어와 마찬가지로 헨리 모즐리도 학자 집안 출신이었다. 그의 아버지와 할아버지는 모두 영국학술협회의 회원이었다. 할아버지는 런던 대학교의 교수, 아버지는 옥스퍼드 대학교의 교수였다. 모즐리는 옥스퍼드에서 성장했다. 1910년에 옥스퍼드 대학교를 별로 우수하지 않은 성적으로 졸업했다. 맨체스터 대학교에 시범 조교로 와서, 그의 표현을 빌리자면 '멍텅구리들'을 가르치기 시작했다. 그는 자신이 학생들보다 우월하다고 생각했다. 최소한 러더퍼드와도 동등하다고 여겼다. 러더퍼드와 차 마시는 시간의 대화는 사투리, 조롱, 신랄한 말로 가득 차 있어서 그는 러더퍼드를 물리학 교수보다는 식민지의 만화 주인공에 불과하다고 판단했다.

모즐리의 오만은 그 자신과 물리학에 좋은 전환점을 만들었다. 모즐리나 점잖지만 고집이 센 보어와 같이 자신감을 가진 사람만이 러더퍼드의 연구소에서 독자적인 길을 갈 수 있었다. 마스덴과 가이거 같은 대부분의 연구대학원생이나 조교들은 교수가 준 방사능에 관한 문제에 매달렸다. 모즐리도 처음에는 지시를 받은 대로 시작했다. 그러나 2년이 지난 후 그는 자신의 능력을 나타내어 존 할링 특별연구원직을 얻고서 러더퍼드로부터 자립을 했다. 자신의 연구 과제를 스스로 선택할 수 있다고 생각했다. 처음에 러더퍼드는 그의 독립을 반대했다. 그러나 결국 러더퍼드는 보어를 제외하고는 모즐리를 자신의 가장 훌륭한 제자로 생각하게 되었다.

1912년, 모즐리는 또 다시 활발한 연구 주제가 되고 있던 엑스선에 관한 연구를 선택했다. 그 해에 뮌헨 대학교의 막스 폰 라우에와 동료들은 결정을 통과한 엑스선이 매우 고운 회절격자를 통과한 빛처럼 행동한다는 것을 알아냈다. 영국에서 윌리엄 로렌스 브래그가 그 실험을 반복했다. 로렌스 브래그는 케임브리지 대학교의 연구대학원생이었고 그의 아버지인 윌리엄 헨리 브래그는 리즈 대학교의 물리학 교수로서 러더퍼드의 절친한 친구였다. 브래그

부자는 곧 결정 표면의 반사에 의해 원자의 엑스선 스펙트럼을 얻는 방법을 찾아냈다. 이 발견은 엑스선이 매우 높은 진동수를 가지는 빛, 즉 자외선 범위를 훨씬 넘어서는 색을 가졌다는 오랫동안 찾던 증거가 되었다. 모즐리의 관심은 곧 선의 본질을 연구하는 것에서 스펙트럼의 단서로부터 원자의 구성을 찾아내는 것으로 변했다. 따라서 그는 멀리 돌았지만 러더퍼드의 중심 과제로 되돌아오게 되었다.

1910년에 옥스퍼드 대학교 실험실에 서 있는 모즐리. 러더퍼드에게 가기 바로 직전 모습이다.

원소를 분석하는 새로운 방법

결과는 잇따라 나타났다. 모즐리는 주기율표의 칼슘에서 아연까지의 원소들 중 10가지 원소에 가장 잘 투과되는 엑스선의 진동수들을 비교했다. 이 진동수는 한 원소에서 다음 원소로 나감에 따라 매우 단순한 방법으로 증가했다. 그것들은 오늘날 원자 번호(Z)라고 표시하는 정수를 나타내는데, 이것은 주기율표에서 가장 가까운 이웃들 사이에서 한 단위씩 증가했다. 모즐리는 원자 번호(Z)를 수소가 1, 헬륨이 2, 이런 식으로 계속되는 주기율표의 원소 자리로 해석했다. 러더퍼드의 모형은 원자 번호의 물리적 의미

로렌스 브래그

(1890~1971)

영국의 물리학자. 헨리 브래그의 아들로, 엑스선에 의한 결정 구조를 연구했다. 1915년 아버지와 함께 노벨 물리학상을 받았다.

를 간단하게 나타냈다. 바로 핵의 전하였다.

엑스선 스펙트럼에 나타난 원자 번호 값에 의해 원소를 확인하게 됨에 따라 모즐리는 시료에서 화학자들이 알아내는데 몇 년이 걸리는 새로운 원소들을 즉각적으로 분석할 수 있었다. 프랑스의 유명한 화학자인 조르쥬 위르뱅이 자신이 '셀티움'이라고 이름을 붙인 새로운 원소가 들어 있는 작은 병을 가지고 파리에서 왔다. 모즐리는 그것의 스펙트럼을 찍어보고 엉성한 불어로 그것은 단지 알려진 원소들의 혼합물이라고 단언했다. 그러나 위르뱅은 그들만의 관점도 가르쳐주었다. 모즐리는 영국식 물리학 모형에 너무나 물들어 있었기 때문에 프랑스 사람들이 나름대로 연구하는 방법이 있다는 것을 거의 모르고 있었다. 그는 이 깨달음을 러더퍼드에게 이야기했다.

"그들의 관점은 영국 사람의 관점과는 매우 다릅니다. 우리가 모형이나 비유를 찾고자 하는 반면에 그들은 법칙에 매우 만족하지요."

러더퍼드는 이 사실을 잘 알고 있었다. 그는 영국식 방법 덕분에 퀴리 부부나 베크렐을 앞설 수 있었다.

원자 번호를 따라 정돈된 주기율표

모즐리가 주기율표를 꿰뚫게 되면서 화학자들이 알루미늄(Z=13)에서부터 금(Z=79) 사이에서 놓친 4개의 원소를 확인했다. 그 중 둘은 천연적으로 존재하지 않았다. 나머지 둘은 곧 알려지게 되었다. 그 중 하나가 1922년에 코 펜하겐에 있는 보어의 연구소에서 발견한 하프늄이다. 하 프늄은 그가 노벨상 수상 기념 연설에서 발표하기에 꼭 적 당한 때에 발견되었다. 모즐리가 주기율표를 조사함으로써 맹목적으로 원자량만을 따라서 주기율표를 배열하지 않은 화학자들의 지혜가 확인되었다. 세 군데, 즉 칼륨/아르곤, 코발트/니켈, 요오드/텔루르는 올바른 화학 족에 넣기 위 하여 무거운 원소를 더 앞쪽에 두었다. 오랫동안 화학자들 은 더 정밀한 측정을 요하던 원자량의 실수를 밝히고 주기 율표를 만든 원리를 교정하기를 원했다.

고진동수 스펙트럼은 원자량(A)이 아닌 원자 번호(Z)를 따른다. 주기율표를 만든 사람들은 운이 좋았다. 원자량은 훌륭하지만 원자 번호에 대한 완전한 대역은 아니다. 모즐 리가 원자량보다 원자 번호가 우선이라는 한 것은 톰슨에 의해 시작되고 러더퍼드에 의해 발전된 원자 구조에 대한 연구의 정점이었다. 비영어권 세계에서는 그들의 추론에 근거가 되는 모형들에 거의 관심을 가지지 않았다. 하지만 곧 모든 물리학자와 화학자들은 이 단순하고 우아한 결과 를 받아들였다.

동위 원소의 등장

화학적 성질의 지침으로써의 원자량의 추락은 과밀된 방사성 원소들의 심각한 문제를 해결했다. 화학자들은 러더퍼드와 소디의 이론에 따라 화학적으로는 비슷해 보이지만 다른 원자량을 가지는 생성물들 사이의 화학적 차이를 찾기 위해 열심히 연구했다. 예를 들어, 최소한 원자량이 4단위가 차이가 난다고 알려진 토륨과 라디오토륨, 그리고 토륨과 라듐의 모체인 볼트우드의 이오늄이 있다. 언제 이 난관의 해결이 불가능하다고 선언할까? 최초로 항복한 화학자는 미국인들이었다. 그들은 1907년에 토륨으로부터 라디오토륨을 분리하는데 실패한 것은 자신들의 무능력 때문이 아니라 원소의 분리 불가능성 때문이라고 선언했다. 토륨으로부터 이오늄을 분리하려고 노력했던 빈의 화학자도 그것은 분리될 수 없다고 단언했다. 이는 곧 비슷한 실패로 고생하고 있던 다른 화학자들의 지지를 받았다. 소디는 1910년에 분리될 수 없는 쌍들은 '단순히 화학적 유사물질(화학적 성질이 매우 비슷한)이 아니라 화학적으로 같은 것'이라고 상황을 정리했다.

이 동일성에서 두려운 결론이 나왔다. 소디는 다시 말했다.

"화학적 균일성은 모든 원소가 몇 가지 서로 다른 원자량을 가진 혼합물이 아니거나, 모든 원자량이 평균값이 아니라는 것을 보장하지 못한다."

균일성, 즉 화학적 성질의 완전한 일치는 특히 원자량과 방사능 같은 물리적 성질의 불일치와 양립했다. 원소의 평균 질량은 아무것도 의미하지 않는다. 그것은 어떤 측면에서는 다르지만 단지 화학적으로 똑같은 원소들의 질량 평

원자 번호
핵의 전하.

동위 원소
같은 원자 번호와 서로 다른 원자량을 가지는 몇 가지 원자들 중 하나.

균이다. 나중에 소디는 주기율표에서 같은 자리를 차지하는 물리적으로 서로 다른 원소들을 나타내기 위하여 '동위원소' 라는 말을 만들어 냈다.

동위 원소의 명확한 배열

방사성 원소를 그 자리와 연관시키는 과제가 남아 있었다. 소디는 한 원소가 알파 입자를 방출하면 주기율표에서 왼쪽으로 두 칸 옮겨지는 것을 관찰했다. 1913년에 그와 다른 세 명의 화학자는 베타 방출에 적용되는 규칙을 발표했다. 이들은 헤베시, 카시미르 파얀스(독일), 러셀(스코틀랜드)로서 모두 맨체스터 대학교에서 러더퍼드와 함께 지낸 적이 있었다. 베타 입자를 잃은 원소는 오른쪽으로 한 자리 이동한다. 토륨은 알파 입자를 방출하고 메소토륨I(한이 발견한 것이다)가 되는데, 이것은 왼쪽으로 두 칸 움직인 것이다. 따라서 라듐과 동위 원소가 된다. 그 다음에 메소토륨I는 베타 방출에 의해 오른쪽으로 한 칸 움직여서 또다른 메소토륨(한이 발견한 것과 유사함)을 생성한다. 또한 오른쪽으로 한 칸 더 움직여서 토륨과 동위 원소인 원소를 생성한다. 이 라디오토륨 원소는 알파 입자를 내놓고 토륨엑스가 되며 따라서 토륨엑스, 메소토륨I, 라듐은 서로 동위 원소가 된다. 그렇게 되면 이들은 우라늄과 악티늄 계열과 함께 진행한다. 얼마나 명확해졌는가?

이 이동 법칙에서 핵모형과 원자 번호 개념에 기반을 둔

동위 원소와 변환

1913년부터 유래된 이 동위 원소와 변환 도표는 원자량(A)=232인 검은 원에 있는 토륨의 붕괴로부터 시작된다. 알파 입자를 방출하면 화학적 위치는 왼쪽으로 2칸 이동하고, 질량은 4칸 위로 올라간다. 따라서 대각선 화살표는 메소토륨Ⅰ(MsThⅠ)을 가리킨다. 두 번의 베타 붕괴로 생성물의 화학적 위치는 오른쪽으로 2칸 이동하여 토륨으로 돌아오지만 질량은 출발할 때보다 4질량 단위만큼 가벼워진다. 그 다음에 5번의 연속적인 알파 방출로 질량이 20 감소하고 다시 한 번의 베타 방출로 최종 생성물인 원자량(A)=208을 가지는 납 동위 원소에 이른다. 우라늄과 악티늄으로 시작하는 계열들도 비슷한 과정을 가지고 있다. 같은 수직 칸의 모든 생성물들은 같은 원소의 동위 원소이다.

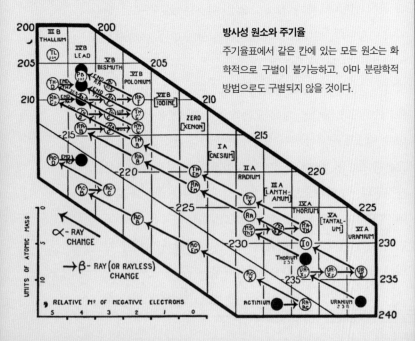

방사성 원소와 주기율

주기율표에서 같은 칸에 있는 모든 원소는 화학적으로 구별이 불가능하고, 아마 분량학적 방법으로도 구별되지 않을 것이다.

쉬운 설명이 찾아졌다. 핵으로부터 알파 입자를 잃으면 원자 번호(Z) 2가 줄어든다. 베타 입자는 원자 번호(Z)를 1만큼 증가시킨다. 알파에 이어서 두 번의 베타가 일어나면 원래의 원자 번호(Z)값으로 회복되지만, 물론 원래의 원자량(A) 값은 아니다. 이런 방법으로 생성된 방사성 원소는 없어진 앞의 3세대 전의 조상과 화학적 성질은 똑같지만 물리적 성질은 서로 다르다.

젊은 과학자들의 업적과 작위를 받은 러더퍼드

방사성 붕괴와 동위 원소 및 원자 번호의 개념을 해결하는 눈부신 기간 동안 러더퍼드는 일련의 실험적, 이론적 발견들을 하거나 하려는 사람들에게 영감을 주었다. 과학사에서 이런 경우는 거의 없었다. 이는 젊은 사람들의 업적이었다. 러더퍼드도 소디와 협력을 시작할 때 갓 30살이 넘었다. 그때 소디는 24살이었다. 러더퍼드의 영향력 아래로 들어올 때 가이거는 25살, 보어, 한, 헤베시는 26살, 모즐리는 23살이었다.

발견자와 연구 지도자로서의 러더퍼드의 행동은 모든 영예와 더욱이 얻기 어려운 자신의 대학원생들 그리고 아랫사람들과의 지속적인 우정 관계를 가져왔다. 1914년, 러더퍼드는 작위를 받았다. 헤베시는 축전을 보내왔다. 러더퍼드는 그 영예가 매우 만족스럽지만 동시에 비교적 젊고 가난한 교수에게는 약간 곤혹스러운 것이라는 것을 알

복사와 양자를 논의하기 위해 1911년 브뤼셀에서 열린
솔베이 학회에 모인 러더퍼드의 몇몇 동료들. 오른쪽에서
세 번째 서 있는 사람이 러더퍼드이고, 맨 오른쪽에 서 있
는 사람이 알버트 아인슈타인, 러더퍼드 앞의 사람이 퀴
리 부인이다.

았다. 러더퍼드의 유일한 자식인 어린 딸 에일린도 의아하게 생각했다. 그녀는 자신의 부모들 중 누구도 화사한 옷을 입거나, 작위에 어울리는 자연스런 근엄함을 가지지 않았다고 생각했다. 한의 축하에 대해 러더퍼드는 다음과 같이 답했다.

"과거의 나의 노력에 대한 이런 인정을 그전의 대학원생들이 축하해주고 있다는 것을 기뻐하고 있다"

또한 칼을 차고 특별 제복으로 완전하게 차려입고 버킹엄 궁에서 한 예식의 즐거움에 대하여도 썼다. 맥길 대학교에 있는 실험실로 사진사가 사진을 찍으러 왔을 때 더 나은 복장을 한 한에게 흰색 장갑을 빌리던 사람치고는 제법 멋진 몸치장이었다.

아직 43살밖에 안 되었지만 러더퍼드는 경력의 최고 자리에 이미 올랐다. 또 대여섯 명의 재능 있는 제자들도 배출했다. 소디, 한, 보어 그리고 헤베시가 모두 노벨상을 받았다. 모즐리도 제1차 세계대전에 참전하지 않았더라면 틀림없이 다른 사람보다 앞서서 받았을 것이다.

BRITONS

"WANTS
YOU"

JOIN YOUR COUNTRY'S ARMY!
GOD SAVE THE KING

Reproduced by permission of LONDON OPINION

전쟁의 포화 속에
진보하는 과학

4

제1차 세계대전 중 영국군을 모집하는 포스터. 1914년의 이 광고는 현재 가장 잘 알려져 있는 것으로 아마도 매우 효과적이었을 것이다. 나중에 미국 육군도 엉클 샘이 중심 인물로 들어 있는 비슷한 포스터를 주문했다.

물리학 법칙은 어디에서나 똑같다. 그것은 전 세계적이며 심지어 전우주적이다. 물리학자들은 자신도 이런 성격을 가지고 있다고 믿었다. 잘못된 대외 강경 정책에 의해 쉽게 흔들지 않고 자신의 과학적 신념에 의해 단련되었다고 믿었던 것이다. 이런 믿음은 1914년 9월에 시험을 받게 된다. 이때 독일군은 오랫동안 계획한 침공을 감행했다. 적군이 방어하기 전에 이미 계획된 전격전으로 벨기에를 휩쓸고 프랑스로 밀고 들어갔다. 프랑스와 영국군에 의해 파리 외곽에 멈춘 독일군은 연합군에 대항하기 위해 영국 해협에서 스위스까지 쭉 이어진 참호를 팠다. 전격전은 포위 공격으로 소모전이 되었다. 이런 참호의 양편에 배치된 군대와 이탈리아, 오스트리아 - 헝가리, 러시아, 터키에서 싸우는 전우들은 대부분의 시간을 진창에서 대포 탄막을 교환하며 소비했다. 그것은 차라리 나았다. 때때로 장군들이 자신의 좌절감과 우둔함을 억제하지 못할 때면 병사들에게 진창으로부터 나와 참호로 둘러싸인 적의 진지를 공격하라고 명령을 내렸다.

현대 기술이 총동원된 전쟁

탄막 공세와 공격은 보통 삼백 미터를 넘어서지 못했다. 일 미터당 병사와 사용된 무기는 국가 채무 액수나 우주의 별의 수처럼 상상하기 어려웠다. 1916년 7월 1일 솜현에서 시작되어 11월까지 계속된 전투로 영국군은 6만 명이

거리계는 영국과 프랑스가 전쟁 전에 독일로부터 수입
하는 대표적인 장비였다. 전세계에 현미경을 공급하는
독일 차이스의 광학기기였다.

죽거나 부상을 당했다. 150만 발의 포탄도 적의 진지를 무력화시키지 못했다. 독일 참호를 건너는 미친 계획이 20주 후에 폐기되었을 때, 영국군과 독일군은 각각 42만 명의 사상자를 내었다. 혼란은 결코 끝나지 않고 있다. 오늘날에도 프랑스 북부의 농부들은 신체와 포탄 조각들을 계속 찾아내고 있다. 그들은 불발탄을 모아 폐기하기 위해 뒷길에 쌓아 두고 있다. 우리는 날마다 라디오나 텔레비전에서 제1차 세계대전의 희미한 메아리를 듣고 있다. 전쟁이 끝날 무렵 노르웨이의 기상학자들은 일기도에 전선의 개념을 도입했다. 그것은 따뜻한 기단과 차가운 기단이 서로 교차하는 경계선을 그린 것으로 전쟁터에서 뾰족한 끝이 없이 서로 대치하고 있는 전투를 비유한 것이다.

제1차 세계대전은 현대 기술의 발명품과 생산성을 총동원했다. 때문에 다른 어떤 혼란보다 효과적으로 사람을 죽이고 다치게 하고 파괴했다. 또한 새로운 무기를 만들어낸 과학 연구와 산업 발달이 전쟁의 양상에 결정적으로 영향을 준 최초의 전쟁이었다. 전쟁은 거의 모든 물리학자와 화학자, 다른 분야의 많은 과학자들을 동원했다. 그러나 전쟁 초기 16개월 정도는 장군들이 자신의 우둔함을 보여주면서 과학에 사용될 인력을 참호에서 낭비했다. 러더퍼드의 몇몇 대학원생들도 전선에서 시간을 보내고 서너 명은 전사했다.

소모적이며 유치한 과학자들의 말 전쟁

전선으로 나가기에 나이가 너무 많은 교수들은 바로 전쟁에 투여되지 않았다. 대신에 과학의 국제주의가 나이 든 전문가들에게 적용되지 않는 것을 보여주며 무력하게 서로를 모욕하면서 시간을 보냈다. 이런 선전 전쟁은 플랑크와 다른 9명의 노벨상 수상자들(이미 받았거나 앞으로 받을 사람)을 포함한 93명의 독일 지식인들에 의해 최초로 시작되었다. 그들은 독일 군대가 벨기에에서 싸우는 동안 잔학 행위를 했다는 보고서를 인정하지 않았다. 잔인함에 대한 비난('전쟁은 전쟁이다')보다도 그들을 더욱 화나게 한 것은 자신들이 교육한 젊은 장교가 지휘하는 병사들이 의도적으로 예술과 과학의 보물들을 파괴했다는 비방이었다. 그들은 베토벤과 괴테를 탄생시킨 나라는 유럽의 문화 유산을 어떻게 존경하는지를 알고 있다고 말했다. 93명의 그 호소는 3,016명 이상의 대학 강사들의 선언에 의해 지지를 받았다.

이런 선언서는 벨기에에서 어떤 일이 일어났는지 알고 있던 연합국을 메스껍게 했다. 그들은 자신들 정부를 무조건 믿고 과학자로서 제대로 판단하지 않은 진술에 서명한 사람들을 비난했다. 그러나 높은 곳에서 내려오는 것은 쉽다. 벨기에, 영국, 프랑스, 이탈리아의 과학자들은 일단 전쟁에서 승리하자 독일의 문화에 대한 요구를 조롱하고 훈족을 과학 세계 밖으로 쫓아내는데 합의했다.

미국이 연합국에 가담했다. 곧 그들은 전시 공채를 '독일 학사학위 = 야만의 학사학위'라는 구호와 함께 팔았다. 그러나 독일인들이 문명화되지 않았다면 전쟁 전에 과학의 많은 부분을 어떻게 지배할 수 있었겠는가? 더 나은 조직화 때문이라는 것이 연합국의 답이었다. 그리고 논란이 계속되었지만, 독일인들이 조직화에만 훌륭했기 때문에 과학의 지적 진보를 선도할 수 없었다고 했다. 그들은 라틴족 정신의 활기와 영국인의 쾌활한 대담성이 결핍되어 있었다. 프랑스의 물리학자들은 이전에 칭송했던 독일인들의 서툰 방법보다 유치하다고 비난했던 물리학 이론을 시각화하는 영국 방식이 자신들의 사고의 명확성과 더 잘 일치한다는 결론이 되도록 사실을 왜곡했다. 7년 전에 빈 사람들이 그에게 빌려준 라듐을 유쾌하게 포켓에 넣고 다니던 램지는 오스트리아-독일 과학에 대항하는 연합국의 말의 전쟁에서 가장 목소리가 큰 사람이었다.

과학계를 지키고자 하는 온건주의자들

과학에서 국제주의가 붕괴되는 와중에도 이성과 자애로운 행동에 대한 목소리가 존재했다. 나이가 들었지만 위대한 물리학자인 로렌츠는 중립국인 네덜란드의 시민이어서 양쪽 모두를 선택하지 않아도 될 여유를 가지고 있었다. 이웃 벨기에에서 일어난 일들을 잘 알고 있었고, 플랑크가 '93인의 선언서'에서 그의 서명을 철회해야 한다고 했다.

플랑크는 전쟁 중에 서명을 철회한 유일한 서명자가 되었다. 또한, 베를린 과학원에서 온건주의의 대변자가 되었다. 왕립협회의 회장으로서 톰슨도 비슷한 행동을 취했다. 러더퍼드의 오랜 보호자인 아더 슈스터를 독일 출신이라는 이유로 왕립협회의 간사에서 제거하려는 움직임을 억눌렀다. 또한 플랑크와 톰슨은 적대국의 시민인 외국인 회원들을 베를린 학술원과 왕립협회로부터 추방하려는 노력에 계속적으로 반대했다.

모든 면에서 영국을 완전하지 못하다고 생각했던 러더퍼드도 맹목적인 애국 활동에 참여하지 않았다. 전쟁이 자신의 오랜 친구인 한과 가이거를 괴물로 변화시키지 않으리라는 것을 알고 있었다. 가이거는 전쟁 중에 독일에 억류되었거나 포로가 된 영국 과학자들이 편히 지낼 수 있도록 최선을 다했다. 그는 제임스 채드윅에게 공백 동안 물리학 연구를 할 수 있도록 장치를 제공해서, 전쟁 후에 캐번디시 연구소에서 성공적으로 맡은 일을 할 준비를 도왔다. 채드윅은 러더퍼드의 가장 유망한 연구대학원생 중에 한 명으로 1913년에 연구를 위해 베를린에 갔었다. 1915년부터 1916년까지 맨체스터 대학교에 있던 보어를 통해 러더퍼드는 독일에 있는 그의 예전 학생들과 접촉할 수 있었다.

전쟁터로 끌려가는 젊은 과학도들

젊은이들이 대학과 공과대학원에서 전쟁터 진창으로 보

채드윅(1891~1974)
영국의 물리학자. 1932년에 중성자를 발견하고, 제2차 세계대전 동안 원자력 병기의 연구에 참여했다. 1935년에 노벨 물리학상을 받았다.

내졌다. 다음의 예는 이들의 전례 없는 동원을 보여 준다. 전쟁 바로 직전 학기에 독일의 공과대학 등록자 수는 12,000명이었으나 6개월 후에는 2,000명이 되었다. 프랑스의 가장 큰 과학자 양성기관인 에꼴노말 쉬페레르는 텅 비었다. 그곳은 병원이 되었다. 1914년의 건강한 80명의 입학생은 입학식 바로 다음에 전쟁터로 끌려갔다. 그중 20명이 죽고 18명이 부상을 당했다. 약 160명의 상급생들이 함께 전쟁터로 갔지만 절반은 죽고 64명이 부상을 당했다. 프랑스 대학의 등록자 수는 전쟁 첫 해 동안 75퍼센트가 감소했다.

영국 대학들은 전쟁이 끝난 후의 특권이나 재정 지원 및 재입학을 보장하며 교수와 학생들을 전쟁터로 보냈다. 징병에 대한 압력은 점점 커졌다. 옥스퍼드 대학교의 학생수는 3,000명에서 300명으로 줄었다. 옥스퍼드와 케임브리지 대학교의 학생들 중 약 3분의 2가 보통 초급 장교로 전선에 나갔다. 평균 생존 기간은 30일이었다. 캐번디시 연구소의 거의 모든 연구진은 1915년에 이미 전선으로 나가거나 장교 훈련소에서 날마다 훈련을 받고 있었다. 맨체스터 대학교에 있는 러더퍼드의 연구소도 비슷한 공백으로 고생을 했다.

전략 물자를 개발하고 생산하는 물리학자와 화학자들

몇 개월의 교착전 후에 젊은 연합국 과학자와 공학자들

은 점차 후방으로 빠졌다. 이는 두 가지 중요한 생각에서 였다. 우선 전략 물자의 공백이 심했다. 그전에 고급 기술품은 모두 독일과 오스트리아로부터 수입했다. 또한 1915년 4월, 황색 가스가 예페르 전장을 가로지르며 퍼져나갔다. 전쟁 지휘부는 부족한 물품을 발명하고 화학 무기를 반격하고 약화시키는 화학자와 물리학자들의 능력을 깨달았다.

전략 물자의 부족은 굴욕적일 뿐 아니라 위협을 주었다. 영국과 프랑스는 쌍안경과 잠망경의 렌즈, 자동차 시동기, 비행기 엔진, 군복용 염료, 실험실용 장치를 만들 수 없었다. 전쟁 전에는 이런 것들을 비롯해서 훨씬 많은 것들을 독일로부터 수입했다. 반면 독일은 영국의 대륙 봉쇄 정책에 의하여 고무와 다른 원료 물질들이 차단되었다. 연합군에는 쌍안경이 너무 중요했기 때문에 영국은 고무와 렌즈를 교환하기로 독일과 협정을 맺었다. 그러나 협정은 실행되지 않았다. 연합군이 렌즈를 비롯하여 다른 여러 가지 물품들이 바닥나기 전에 스스로 만드는 법을 알아냈기 때문이다. 방법은 매우 간단했다. 물리학자와 화학자들은 공장과 대학 연구실에서 독일의 특허 기술들을 개선시켜 전쟁에 도움을 주는 임무를 다시 받았다. 뛰어난 두뇌, 조직화 그리고 위급함은 놀라운 성과를 냈다. 1916년에 이미 프랑스와 영국인들은 독일에 주문했던 많은 것들을 만들어 냈다. 그들은 전쟁 중에도 런던과 파리에서 공업 재료와 장치에 대한 여러 번의 전시회를 통해 성과물을 자랑했다.

풍선에 사람이 탄 바구니를 밧줄로 매달았다. 그리고 전
쟁터를 다니며 적의 이동을 관찰하고 비행기와 대포의
위치를 발견했다. 그들에게는 전에 독일로부터 수입되
던 종류와 같은 훌륭한 쌍안경이 필요했다.

서로 적이 되어 싸우는 동료 과학자들

교착전에서 포탄은 적의 진지를 무력화하고 독가스를 전선 후방으로 운반시키고 무기들을 파괴하는 선도적인 전투 무기가 되었다. 많은 기술 자료들이 목표물을 포착하는 것 같이 포탄 성능을 향상시키는데 이용되었다. 젊은 브래그와 마스덴은 전선에서 여러 해를 지냈다. 그들은 머리 위로 지나가는 포탄의 소리를 기록하고 분석하여 적의 포병대 위치를 알아내는 장치를 개발하고 그 작동을 지도했다. 과학자들은 전장의 여러 고도에서 바람의 상태를 측정하기 위한 기록 장치를 갖춘 기구를 띄웠다. 브래그의 부하들과 종군 기상학자들이 제공한 정보를 이용해 영국 포병은 독일군이 따라올 수 없을 만큼의 정확도로 적의 진지를 파괴했다. 또 다른 전장에는 전기를 공급하고 유지하거나 전화 운영을 하는 과학자들이 투입되었다. 모즐리는 영국 기술 부대의 전화 담당부로 들어갔다. 그는 1915년 전선에서 구조 요청 전화를 하는 도중에 사망했다.

맥길이나 맨체스터 대학교의 러더퍼드 실험실에서 연구하던 대부분의 외국인 대학원생들은 동맹국 즉, 오스트리아-독일 연합군의 국민들이었다. 보어는 예외였는데 공식적으로 중립이었다. 이들은 연합국에 대항하는 전쟁에 참여했다. 가이거는 포병 장교로 근무하다가 부상을 당하자 치료한 후 다시 전선으로 돌아갔다. 한은 독가스의 개발, 시험, 사용법을 도왔다. 빈을 방문하는 도중 전쟁을 만

서부 전선에서 과학자인 퀴리 부인이 차에 앉아 있다. 그녀는 차에 엑스선 장치를 설치하고 전쟁터를 돌아다녔다.

유보트(U-boat)
제1차, 제2차 세계대전 때 사용된 독일의 대형 잠수함을 통틀어 이르는 말.

난 헤베시는 오스트리아-헝가리 연합군에 들어갔다. 브래그의 영향을 받아 연구했던 라우에는 전쟁 기간 동안 후방에서 군을 위한 무선 교신을 연구했다.

지금까지 이야기에 등장했던 나이든 과학자들은 전선 뒤의 자신의 분야에서 역할을 수행했다. 엑스선 의료팀을 조직해서 한동안 전선 주위로 구급차를 운전하고 다닌 퀴리 부인은 예외다. 플랑크는 촉망받던 물리학자인 큰아들이 전사한 후에도 전쟁에 열심히 매달리는 동료들을 억제시키려고 계속 노력했다. 베크렐과 피에르 퀴리는 전쟁 전에 죽었다. 당시 베를린에서 존경받는 교수직을 얻었던 아인슈타인은 평화주의를 선언했다. 소디는 애버딘 대학교의 자신의 실험실에서 전쟁 임무를 수행했다. 1916년, 자연사하기 전에 램지는 그에게 화학을 가르쳐 준 훈족에 반대하여 마구 고함을 쳐댔다. 레일리는 폭발물에 관한 영국전쟁위원회를 지휘했다. 윌슨은 대기의 전기로부터 군사용 기구를 보호하는 방법을 고안했다. 아버지 브래그와 러더퍼드는 전쟁과 관련된 과학적 문제에 대한 영국 과학자들의 공격을 이끌었으며, 잠수함인 유보트(U-boat)의 타파에 관한 연구를 했다.

연합국의 봉쇄 작전은 효과적이었다. 독일군은 원료 물

질에 대한 대용품을 고안하고, 그것조차 불가능한 경우에는 필요한 물질을 잠수함으로 수입해야 했다. 효과적인 봉쇄 때문에 전면전, 독가스의 사용, 공해에서의 모든 선박에 대한 어뢰 공격 등 독일군의 공격은 강화되었다. 마지막 전략인 어뢰 공격은 매우 위험했다. 중립을 지키던 미국을 위협해 전쟁에 끌어들였기 때문이다. 그뿐 아니라 독일 해군은 연합군 함대에 충격의 종을 울렸다. 잠수함이 내는 소리를 이용해 그 위치를 찾아내는 것은 미국을 포함한 연합국의 가장 중요한 사항이 되었다. 새로운 협력자를 지도하기 위해 영국과 프랑스는 선도적 과학자 대표단을 1917년 5월 워싱턴으로 보냈다.

영국 과학자 대표단이 되어 미국으로 가다

러더퍼드는 영국 대표단의 지도자가 되었다. 그는 미국으로 가는 길에 파리에 들려 연합국의 임무를 조정하고 프랑스 물리학자들이 하고 있는 연구를 살펴보았다. 또한 잠수함 탐지에 관한 연구를 하고 있는 오랜 친구인 랑주뱅을 만났다. 여전히 방사학에 종사하고 있던 퀴리 부인은 나이가 들어 수척하고 피곤해 보였다. 프랑스 대표단도 만났다. 워싱턴에 도착해서 연합사절단은 아무도 예측하지 못한 특별한 일을 했다. 과학을 전쟁에 이용하는 것에 대한 연합군의 성공과 실패를 상세하게 발표한 것이다. 미국인들은 이룩한 진보에 놀랐다. 아직 개발되지 않고 남아 있는 그들의 기술 자원과 생산적인 자원들이 투입되는 것을 원했다. 이는 프랑스와 영국이 가진 것을 합친 것보다 훨씬 더 큰 것이었다.

과학자, 외교관 그리고 미국 관리들과의 많은 모임은 러더퍼드를 힘들게 했다.

"우리는 일요일 아침에 잠옷 차림으로 아침을 먹고 과일과 차를 들고는 밀리컨과 함께위원회의 조직화에 대하여 논의했다."

평화 시에 로버트 밀리컨은 전자가 가진 전하를 재측정했다. 톰슨의 방법을 러더퍼드의 방법과 일치시킨 물리학자로서 결국 스스로의 힘으로 노벨상을 받았다. 전쟁 동안 밀리컨은 과학자들을 징집하기 위해 미국중앙정보부가 설립한 국립연구위원회의 고위 구성원이 되었다.

"(러더퍼드가 도착한 후 12일째 날) 우리는 영국 대사를 방문하고…… 그 다음에는 표준국을 방문했다. 날씨는 꽤 더워져서 나는 이불 없이도 잠옷만 입고 잠을 잘 잘 수 있다. 내 체질은 그렇게 자주 먹는 점심과 저녁 식사의 부담을 잘 견디고 있다."

잠수함을 탐지하기 위한 수중청음기의 개발

러더퍼드와 대화를 한 과학자 중에는 오랜 친구인 볼트우드도 있다. 그는 미국이 참전하기 전에는 독일 편이었지만 이제는 잠수함 탐지에 관한 연구에 종사하고 있었다.

이 연구는 러더퍼드가 특별한 관심을 갖는 분야였다. 거의 2년 정도 맨체스터 대학교의 지하실에 설치한 수조의 물 속에서 소리가 어떻게 운동하는가를 연구했다. 음향학에 관한 세계적으로 권위 있는 자료들을 읽고 그 문제를 이론 뿐 아니라 실험적으로도 접근했다. 그 자료들은 레일리 경 이 공기의 무게를 측정하기 전에 저술한 논문들이었다. 러 더퍼드는 보어나 모즐리와 거의 같은 시기에 맨체스터 대 학교의 연구대학원생이었던 우드를 고용하여 스코틀랜드 에 있는 해군기지에서 자신의 아이디어를 시험하게 했다. 아버지 브래그는 곧 이 연구의 과학적 측면을 맡았다. 그 결과물은 영국 해군 잠수함이 유보트의 존재를 탐지하고 방향을 결정할 수 있도록 장착한 수중청음기였다. 수중청 음기는 전화처럼 작동하도록 금속판이 연결되어 있었다. 그러나 불행하게도 자체 엔진의 소음이 수중청음기를 방 해했기 때문에 소리를 듣기 위해서는 멈추어야 했다. 자체 소음과 바다의 소음이 수중청음기에 미치는 효과, 해상의 선박들의 소음 문제는 더욱 심각했다.

수중청음기는 수동적이라는 또 다른 단점이 있었다. 적 이 발산하는 소리에만 의존해야 했다. 음파를 보내고 물체 로부터 반사되어 오는 것을 감시하는 능동적 방법이 추천 되었다. 적이 굳이 소리를 내지 않아도 작동할 수 있고 추 적선의 소리와는 구별되는 특수한 진동수로 작동할 수 있 어야 했다. 그러나 목표물이 추적선에서 보내는 음파의 아 주 작은 일부분만을 반사하기 때문에 상당히 많은 에너지를 필요로 했다. 러더퍼드와 랑주뱅은 청음 범위를 넘어서는 고주파의 소리만이 물에서 에너지 손실이 없이 운동할 수 있다는 것을 깨달았다. 이 '초음파'를 발생시키기 위해 피에르 퀴리와 그 동생인 폴이 발견한 효과에 기초를 둔 도구를 이용했다.

퀴리 형제는 수정 같은 어떤 결정은 전기를 주면 모양이 변화한다는 사실을 알아냈다. 전기력을 빠르게 변화시키면 결정도 똑같이 빠르게 진동했다. 이것이 오늘날 수정 시계의 원리이다. 잠수함을 능동적으로 탐지하는 것에 대한 러더퍼드의 아이디어를 시험하기 위해 맥길 대학교 시절 이래로 오랜 대학원생이었던 보일이 함께 했다. 이 기술은 전쟁 말기에야 실용화되었다. 평화 시에는 빙산이나 기름 오염물의 위치를 알아내는데 유용한 장치인 수중 음파 탐지기의 기반이 되었다.

전쟁이 끝난 후에도 끝나지 않는 전쟁

러더퍼드는 전쟁 중에 유용한 무기를 만드는 것뿐 아니라 해군이 평화 시에도 과학적 조언이 꾸준히 필요하다는 것을 보여 주었다. 전쟁 기간 동안에 이룬 과학의 성과는 전체 군대와 많은 산업에게 과학이 그들의 임무를 수행하는데 필수적이라는 확신을 주었다. 천문학자인 조지 엘러리 헤일은 국립연구위원회를 지도하는 정신을 '전쟁은 과학을 전선으로 나가게 만든다'고 표현했다. 제1차 세계대

헤일(1868~1938)
미국의 천문학자. 스펙트로헬리오그래프를 발명하여 태양 흑점 내부의 자기장을 발견했다.

음파 탐지

제1차 세계대전 중에 연구한 잠수함 탐지 방법은 사람의 청력을 이용했다. 바다에서 소리를 찾아내기 위해 수중청음기를 이용하는데, 이는 뛰어난 사람의 청력을 필요로 했다.

순시선은 두개의 수화기를 배의 용골 양쪽에 대칭적으로 장치하거나 매달고 있었다. 공기가 채워진 관이 좌현 수화기로부터 청취자의 왼쪽 귀로 이어지고, 우현 수화기로부터 오른쪽 귀로 이어졌다. 물속의 소리가 오는 방향을 알기 위해 청취자는 양쪽 귀에 들리는 소리 세기가 같아질 때까지 수화기를 돌렸다. 그렇게 하여 소리가 나는 곳이 수화기들을 이은 직선의 중앙에서 수직인 방향인 것을 알아냈다.

잠수함을 공격하기 위해 순시선은 청취자가 정해준 방향으로 항해했다. 배가 목표물에 다가갈수록 소리가 점점 커지고 목표물을 넘어서면 다시 작아지기 때문에 선원들은 언제 어디에 폭뢰를 투하해야 하는지 알았다. 러더퍼드와 동료들은 이런 수동적 장치가 작동할 수 있게 하는데 어려움을 많이 겪었다. 특히 물속의 작은 소리를 증폭할 수 있는 수화기와 관을 설계하는 것, 순시선 자체의 기계에서 나오는 소리를 차단하는 방법을 찾는데 어려움이 컸다.

영국 해군이 배에 매달린 수화기를 통해 들려오는 소리를 가늠하고 있다. 그는 소리의 세기를 최대화하고, 양쪽 귀에 들리는 세기를 같게 만들기 위해 항로의 변경을 지시한다.

전은 과학, 기술, 정부 그리고 산업 사이의 관계에서 분수령이 되었다. 1914년에 군대와 산업체에는 연구소가 거의 없었다. 영국 정부는 젊은 과학자들의 교육 비용에 기여를 하지 못했다. 전쟁 후에야 오늘날과 같은 형태의 과학과 공학 연구 지원이 모습을 갖추기 시작했다. 러더퍼드는 새로운 지원 체계의 주창자임과 동시에 수혜자였다. 전시 정부는 전쟁에서 살아남은 과학 인력을 과학공업연구부로 동원할 체계를 갖추었다. 러더퍼드는 자문위원으로 활동하며 자신의 연구소와 대학원생들이 재정적 지원을 받도록 했다.

그러나 교전국의 과학자들 사이의 선전전은 포성만큼 쉽게 잠잠해질 수 없었다. 헤일은 동맹국의 구성원들을 국제 과학회의나 협력에서 추방하는 것이 주요 목적인 국제연구위원회를 설립했다. 창립총회가 1918년에 열렸다. 프랑스와 벨기에의 주장에 따라서 독일과 오스트리아를 추방하는 것이 확정되었다. 러더퍼드와 로렌츠는 이런 추방을 저지하기 위해 시도했다. 이 시도는 1926년에 러더퍼드가 왕립협회의 회장으로 선출된 후 곧 성공했다. 그와 대부분의 연합국 과학자들은 개인적으로 이미 독일과 오스트리아의 동료들과 접촉을 시작하고 있었다.

가이거는 1918년 5월 18일 4년간의 전선 근무에서 살아남았다는 편지를 썼다. 러더퍼드는 다음과 같이 답장했다.

"나는 나의 옛 연구 동료들에게 옛 우정을 아직 간직하고 있으며 일이 잘 해결되어 더 정상적인 관계가 되면 다시 만나기를 기대하고 있습니다."

러더퍼드는 호의적인 주장을 하는 것 이상의 일을 했다. 전쟁 전에 그에게 라듐을 빌려주었던 빈 연구소의 소장인 스테판 마이어와 접촉을 시작했다. 마이어는 자신과 동료들이 기능을 상실할 정도의 재정적 어려움에 처해 있다고 전했다. 과학책과 장비는 말할 필요도 없고 식량을 확보하기도 어려웠다. 러더퍼드는 빈 연구소가 자신에게 빌려 준 라듐을 왕립협회가 높은 가격에 살 수 있도록 주선했다. 오스트리아의 빈 연구소는 다시 라듐연구소를 스스로 유지할 수 있게 될 때까지 그 돈으로 라듐연구소를 운영할 수 있었다.

전쟁 중의 위대한 발견, 양성자

러더퍼드는 전쟁 임무 중의 짧은 휴식 시간을 이용해 빈 저장소의 라듐과 그 붕괴 생성물을 가지고 연구를 진행했다. 전쟁 마지막 해에 한 실험은 훌륭했다. 전쟁 전에 마스덴은 알파 입자가 수소를 통과하면 그것들이 다른 입자를 두드려서 알파 입자보다 더 멀리 운동하게 만든다는 것을 알았다. 이런 투과성 입자는 수소 핵이었다. 곧 '양성자'라고 불리게 된다. 러더퍼드는 질소 기체를 가지고 같은 실험을 해서 마스덴이 수소에서 검출한 것과 같이 빠른 입자를 발견했다. 순수한 기체에서 발견되는 양성자는 어디에서 오는 것일까? 러더퍼드는 양성자가 질소의 핵으로부

양성자
수소 원자의 핵.

131

1921년에 해군 본부 물리학위원회에 근무한 장교들과
민간인 과학자들. 러더퍼드는 두 번째 줄 왼쪽에서 세
번째에 앉아 있고, 톰슨이 바로 옆인 네 번째 자리에 앉
아 있다.

터 온다는 대담한 설명을 했다.

전쟁터에서 포성이 잠잠해지자 핵 포물체 연구는 처음으로 커다란 성공을 거두었다. 알파 입자가 금이나 백금의 핵에 부딪쳐서 되돌아온 가이거-마스덴 실험과는 달리 러더퍼드의 새로운 시도에서는 충돌한 알파 입자가 질소 핵 안으로 들어가서 수소를 방출시켰다. 알파 입자가 그 안에 그대로 들어가 있다면 원자 번호 규칙에 따라서 그 행운의 질소 핵은 산소 핵이 될 것이다.

전쟁이 끝나자 러더퍼드는 영국 물리학계에서 유력한 인사가 되었다. 그는 공식 칭호인 어니스트 경과 각종 과학적 영예를 받았다. 그는 외형적 변환을 일으킨 것이다. 1919년, 톰슨이 캐번디쉬 교수직을 은퇴하겠다고 선언하자, 누가 그 뒤를 이을지는 의심의 여지가 없었다.

물리학계의 중심에 우뚝 서다

5

1920년대에 휴식을 취하고 있는 보어와 러더퍼드.

1919년에 러더퍼드는 케임브리지 대학교에 있는 실험 물리학과의 제4대 캐번디시 교수가 되었다. 그 학과는 초대 캐번디시 교수이던 제임스 클러크 맥스웰의 지도 하에 창립이 된지 겨우 50년이 지났다. 그 반세기 동안 물리학은 대학교에서 불확실한 지위를 가지고 정부나 산업과는 거의 연결이 없는 작은 전공에서, 잘 갖춘 연구소와 학과를 가진 대학교와 공업전문대학, 그리고 산업과 정부 연구소에서 확실한 자리를 차지하는 커다란 사업으로 바뀌었다.

새로운 캐번디시의 연구소장

1914년에 이미 캐번디시의 연구진과 연구대학원생들의 수는 약 40명에 이르렀다. 수백 명의 학부생들이 그 곳에서 공부를 하고, 의학, 공학, 교육학과 관련된 직업을 위한 훈련을 받았다. 맥스웰 시대에는 실험실에 한 손으로 꼽을 수 있는 연구진만 있었고, 학부생은 거의 없었다. 교육과 연구는 전쟁 동안 중지되었다. 러더퍼드가 톰슨으로부터 물려받은 첫 번째 사업은 캐번디시 연구소의 재활성화를 감독하는 일이었다. 그는 곧 왕성한 활동을 하고 새로운 수준의 성취를 이루었다.

러더퍼드는 자신의 명성과 연구 계획 외에 전임자에겐 없던 새로운 재원 두 가지를 얻었다. 한 가지는 우주의 창조자와 직접 접촉하는 것처럼 보이는 교수 아래에서 물리학 연구를 시작하거나 계속하기를 원하는 나이가 들고 경험이 많은 집단이었다. 다른 새로운 재원은 재정적인 것이었다. 산업과 정부, 특히 최근에 만들어진 과학기술연구부(DSIR)는 연구대학원생들을 후원하고, 과학기구를 위한 자금을 전쟁 전보다 더 쉽게 지원했다. 훌륭한 사람들과 연구를 지원해 줄 자금을 가진다면 러더퍼드가 아니더라도 성공하는 것은 당연하다.

수학이 부족한 러더퍼드와 파울러의 만남

그러나 한편으로, 러더퍼드는 톰슨이 가진 탁월한 어떤 면이 부족했다. 그는 방사능과 음향에 관한 실험에서 제시된 문제들을 해결할 정도의 충분한 수학을 알고는 있었지만, 결코 수학자는 아니었다. 결론적으로 그는 양자 이론을 원자에 스스로 적용할 수 없었다. 1925년에서 26년에 발명된 양자역학은 수학으로 잘 훈련된 이론가들의 영역이 되었다. 이 난관을 해결하는 방법은 이론가의 도움을 받는 것이다. 보어를 고용하려 했지만 보어는 코펜하겐 대학교에 남고 싶어 했다. 코펜하겐에서 정부와 선도적 재단이 그에게 연구소를 지어주었다. 러더퍼드는 랄프 하워드 파울러를 대신 고용하였고, 그는 말 그대로 연구소 가족의 일원이 되었다.

파울러는 전쟁 10여 년 전에 졸업한 케임브리지 대학교 출신들의 경험을 잘 대표하고 있다. 그는 1911년에 수학

양자 역학
입자 및 입자 집단을 다루는 현대 물리학의 기초 이론.

과에서 학사학위를 받았고, 1914년 10월에 그가 한동안 연구한 수학적 업적으로 케임브리지 대학교 트리니티 칼리지의 특별연구원이 되었다. 트리니티 칼리지는 케임브리지에서 가장 유명한 수학자들과 캐번디시 교수를 가진 칼리지였다. 그러나 1914년 10월에 전쟁에 참전하여 포병 장교가 되었다. 모즐리처럼 터키로 보내져 부상을 당했으나 살아남았다. 회복 후에는 탄도학과 다른 군사 수학적 문제를 연구했다. 1919년에 케임브리지 대학교로 돌아와서 특별연구원직에 종사했다. 러더퍼드의 딸인 에일린 때문에 캐번디시 주변을 맴돌다가 1921년에 결혼을 했다. 연구대학원생들의 양자역학 문제 해결을 도와주었고, 코펜하겐에 있는 보어 연구소에서 이루어진 발견의 전달자로서 활약했다. 1932년에 파울러는 케임브리지 대학교의 이론물리학 교수가 되었다.

캐번디시 연구소의 새로운 협력자들

실험실의 오랜 경력을 가진 사람들 중에 되돌아온 사람도 몇 명 있었다. 독일의 억류에서 케임브리지 대학교의 특별연구원으로 돌아온 채드윅은 캐번디시 연구소의 연구부소장이 되었다. 이는 러더퍼드의 행정 부담을 줄여주기 위하여 과학기술연구부에서 제공한 자금으로 새로 만들어진 자리였다. 채드윅은 1935년 리버풀 대학교의 교수가 되어 떠나기 전까지 이 힘든 자리를 맡았다. 그러나 행정

책임도 그에게 노벨상을 안겨준 연구를 못하게 할 수는 없었다.

존 콕크로프트는 소년 시절에 읽은 톰슨과 러더퍼드의 발견에 대한 대중적 설명에 이끌려서 물리학 연구를 하게 되었다. 그는 군에 지원하기 전에 맨체스터 대학교에서 러더퍼드의 개론 강의를 듣고서 만족했다. 영국 포병의 신호 장교가 되었고, 몇 가지 중요한 전투에 참가했다. 그는 한참을 돌아서 다시 러더퍼드에게 왔다. 동원 해제가 되자 물리학보다는 전기공학을 연구하기 위해 맨체스터 대학교로 다시 돌아갔는데, 아마도 신호 장교로 근무하는 동안 생겨난 흥미 때문이었을 것이다. 학위를 받고 잠시 동안 산업체 연구소인 메트로폴리탄-비커스 회사에 근무한 후 수학을 공부하기 위해 케임브리지 대학교로 왔다. 그는 1924년에 캐번디시에서 연구를 시작했다. 그 곳에서 자신의 다양한 훈련 과정을 조화롭고 생산적인 완성체로 만들었다. 원자를 쪼개는 전기 기구를 개발하여 노벨상을 받았다. 콕크로프트는 제2차 세계대전이 일어나기 전까지 케임브리지 대학교에 남아 있었다.

나중에 베이런 블래킷이 된 패트릭 블래킷은 콕크로프트와 같은 나이였다. 전쟁이 나자마자 해군사관생도이던 그는 1914년에 17살의 나이로 순양함에 근무하라는 명령을 받았다. 대부분의 전쟁 기간 동안 대잠수함전 함정의 포격 장교로 근무했다. 서둘러서 미리 근무를 하게 된 초급장교에게 문화의 외투를 입히려는 해군 프로그램 덕분

콕크로프트
(1897~1967)
영국의 물리학자. 월턴과 함께 양성자 가속 장치를 고안하여 원자핵을 파괴하는 실험에 성공하였다. 1951년 월턴과 함께 노벨 물리학상을 받았다.

블래킷 (1897~1974)
영국의 물리학자. 윌슨의 안개상자를 개량하여 핵물리 및 우주선 연구에 크게 기여했다. 1948년 노벨 물리학상을 받았다.

에 캐번디시 연구소에 오게 되었다. 이 곁치장은 케임브리지 대학교의 칼리지에서 한 학기 동안 공부하는 것이었다. 블래킷은 이 곳이 자신에게 맞는다는 것을 알고는 해군을 사임하고 대학의 특별연구원직을 얻어 러더퍼드의 연구소에 합류했다. 알파선이나 베타선처럼 전하를 가진 입자들의 궤적을 볼 수 있게 만든 장치인 안개상자를 개선한 윌슨의 진보에 영감을 얻어 우주선을 추적할 수 있는 장치를 개발했다. 그 주제는 채드윅이나 콕크로프트와는 같지 않았다. 그러나 결과는 똑같았다. 노벨상을 받은 것이다. 장황한 이야기의 마지막 마무리를 하자면, 1925년부터 1934년까지 교수로서의 근무를 포함해 전 생애를 케임브리지 대학교에서 보낸 윌슨은 안개상자의 발명으로 1927년에 노벨 물리학상을 받았다.

악어를 좋아한 카피차

채드윅, 콕크로프트, 블래킷은 재능이 있는 물리학자였을 뿐 아니라 강력한 행정가이며 훌륭한 협력자, 정력적인 조직가였다. 세 사람 모두 캐번디시 연구소를 떠난 후 중요한 연구소들을 설립해서 제2차 세계대전 동안 영국 물리학자들을 지도했다. 그 다음에 그들은 과학과 정부와 사회가 관련된 모든 일에 대한 정부의 자문위원과 대변인이 되었다. 그러나 이 사람들도 우수하지만 그들 중 누구도 1921년에 캐번디시 연구소에서 박사학위를 위한 연구를

카피차가 캐번디시 연구소에서 거대한 자기장을 만들기
위하여 사용한 교류발전기 앞에 서있다.

하기 위해 케임브리지 대학교에 등록한 사람만큼 정력적인 사람은 없었다. 그는 바로 피터 카피차였다. 러시아 공과대학의 졸업생으로서 이미 자석에 대한 전문가였다. 영리하고 대담하고 겁이 없는 카피차는 러더퍼드의 관심과 애정을 받았다. 연구소에서 행해지는 다른 모든 연구들의 총액보다도 많은, 거의 믿을 수 없을 만큼의 연구 자금을 지원 받았다. 목표는 전에 만들어진 어떤 것보다도 더 강력한 자석을 만드는 일이었다. 그것은 높은 에너지의 전하를 가진 입자들의 경로를 휘어줄 수 있을 것이다. 연구진과 장비에 대한 자금은 주로 국립과학연구소와 왕립협회로부터 지원을 받았다.

1933년에 카피차는 캐번디시 연구소의 운동장에 독립건물로 된 자신의 실험실을 완성했다. 그는 건물의 앞부분을 악어 조각으로 장식했다. 악어는 그가 러더퍼드를 처음 만난 날 러더퍼드에게 붙여준 별명이다. 카피차는 1926년 12월에 어머니에게 쓴 편지에 "악어가 내가 하고 있는 일을 살펴보기 위하여 자주 온다."고 썼다.

카피차(1894~1984)
소련의 물리학자. 강자기 마당 발생 장치를 만들었으며, 액체 헬륨의 초유동을 발견했다. 또 가스 냉각법을 개발하고, 수소·헬륨의 액화 장치를 고안했다. 1978년에 노벨 물리학상을 받았다.

악어의 사진을 보내달라고 하셨지요?…… 악어는 위험한 동물이에요. 그의 사진을 찍는 일은 쉽지 않답니다…… 악어와 그런 여유를 갖는 것은 매우 위험합니다…… 실험실 전체에서 저만이 그런 묘기를 부릴 기회를 가진 것 같군요…… 과거에 여섯 번 정도…… 저는 그로부터 '바보같으니', '멍청이' 같은 칭찬을 들었지요…… 저는 진짜로 악어가 이끄는 집단의 구성원이 되었다고 생각합니다. 제가 실제로 유럽 과학의 작은 바퀴를 돌리고 있다고 생각합니다.

카피차는 그 별명을 러더퍼드의 면전에서는 사용하지 않았다. 러시아인들은 악어를 두려움과 감탄의 혼합물로 생각한다. 카피차는 1934년에 캐번디시 연구소를 떠나 소련을 방문했다. 소련은 그가 영국으로 되돌아가는 것을 허락하지 않았다. 그 역시 노벨상을 받았다.

악어와 잘 맞지 않는 연구자들

카피차, 채드윅, 콕크로프트, 블래킷은 무뚝뚝한 악어와 함께 최선을 다했다. 그러나 의지력이 약하거나 명랑하지 못한 사람들은 말썽을 일으켰다. 이런 사람들 중 두 사람이 윌슨과 프랜시스 애스턴이었다. 두 사람 모두 톰슨 시대로부터 남아 있던 사람으로 어울리지 않고 떨어져서 지냈다. 이들은 동료들의 방해를 받지 않고 자신의 장치를 만지작거리는 것을 좋아했다. 애스턴의 명성은 그가 요구할만한 자신감만 가졌다면 연구소의 선도적 지위를 차지할 만했다. 그는 전쟁 동안 군용 비행기를 개선시키기 위한 연구를 하고, 트리니티 칼리지의 특별연구원으로 다시 돌아왔다. 그 곳에서 생애의 나머지를 보냈다. 그는 톰슨과 함께 개척했던 전기력과 자기력에 의한 동위 원소의 분리 분야를 빠르게 점령했다. 따라서 원소의 원자량이 동위 원소 질량들의 평균값이라는 규칙을 확신했다. 1922년에 애스턴과 소디는 노벨 화학상을 공동으로 받았다.

상을 받지 못하고 의지력이 약한 사람은 비참해질 수 있었다. 에드문트 스토너는 자신감 상실과 당뇨병으로 고생했다. 그럼에도 불구하고 러더퍼드는 그에게 연구학생으로서 국립과학연구소의 장학금을 지원해 주었다. 덕분에 1918년에 입학한 케임브리지 대학교의 학부과정을 잘 마쳤다. 그는 건강 때문에 실험실에 머무르는 시간 제약을 받아서 자신의 장치들을 조작하는 것에 어려움을 겪었다.

스토너는 1923년 3월의 일기에서 러더퍼드가 진도가 안 나가는 것에 조급해져서 '치를 떨며 분노했다'고 불평을 했다.

"사납게 불어대는 회오리바람, 다정함을 분칠한 무정함. 정말로 정력적인 사람들에게는 좋겠지만, 이거 큰 일이군. 분명히 가장 위대한 실험물리학자의 한 사람이고 놀라운 통찰력을 가졌지만, 존경할 수 없고 틀림없이 사랑할 수도 없는 사람이다."

스토너가 고통을 겪은 이유 중에 하나는 그가 재능이 있는 실험가가 아니라 탁상공론가였기 때문이다. 그는 1922년 케임브리지 대학교에서 보어가 한 강연과 보어 연구소에서 발표된 논문들로부터 점점 한 가지에 초점을 맞추게 되었다. 그리고 1924년에 한 가지 아이디어가

케임브리지의 몬드 실험실 입구에는 금속 악어가 있다. 카피차가 붙여준 러더퍼드의 별명을 기념하기 위해서다.

떠올랐다.

"새벽 6시까지 잠을 잘 수 없었다! 전자 구조, 양자수, 스펙트럼선들의 세기에 관한 열광적인 생각이 떠올랐다…… 흥분되었다…… 위대한 이론이 탄생한 날의 흥분…… 나는 무엇인가를 할 수 있을 것 같다."

그는 중요한 논문을 썼다. 채드윅과 카피차가 주목을 했다. 그들은 그에게 최근 연구를 토의하기 위해 운영하는 클럽에 들어올 것을 요청했다. 스토너는 노벨상을 받지 못했지만 러더퍼드의 도움을 받아서 리즈 대학교에 교수직을 확보했다. 러더퍼드의 눈에 띄기 위해서는 단지 다른 사람들보다 열심히 연구만 하면 되었다.

캐번디시 연구소의 여성들

러더퍼드의 연구소는 남성으로 구성되어 있었다. 그는 교수로서의 자신의 임무를 '사내들을 잘 몰아가는 것'이라고 표현했다. 남자들의 자리였지만 그렇다고 여성 연구 대학원생을 반대하지는 않았다. 헤리엇 브룩스라는 여성 연구원에 대해 종종 칭찬을 아끼지 않았다.

"매우 매력 있고 재능을 가진 여성으로서…… 어떤 연구실에서도 환영을 받을 것이다."

케임브리지 대학교에서 그는 대학의 여성 운동을 지지했다. 캐번디시 연구진의 사진을 보면 1921년과 1923년에 각각 1명(러더퍼드와 톰슨을 포함하여 29명과 25명 중에서), 1932년에 2명(39명 중에서)의 여성이 보인다.

러더퍼드가 교수직을 이어받은 직후 케임브리지 대학교에서 여성들을 대학의 정식 구성원으로 만들어서 여성의 상황은 많이 개선되었다. 러더퍼드는 여성이 남성과 완전히 동등하다는 것을 지지했다. 반면 일생을 케임브리지 대학교에서 보낸 톰슨은 몇 가지 제한을 두는 것을 지지했다. 여성은 대학에서 공부를 하고 시험을 치는 것은 허락되었지만, 학위를 받을 수는 없었다. 이런 비정상적인 상황은 대학에서 가장 잘 알려져 있는 최종 수학 시험에서 볼 수 있다. 남성들은 성적순으로 이름을 나열했지만 여성들은 학위를 받을 수 없었기 때문에 그들이 남성이었다면 차지할 자리를 나타내주는 표지와 함께 그들의 이름을 별도로 나타냈다. 1890년에 철학자이며 여성 참정권론자의 딸이 전체에서 1등을 했다. 이것은 대학을 놀래게 했지만 정책을 변화시키는 원인이 되지는 못했다. 전쟁 동안 여성들은 남성들에게만 제공되던 많은 일들을 할 수 있게 되었고 케임브리지 대학교에서 여성의 지위를 정상화하게 만들었다.

러더퍼드 원자핵 모형에 드러난 오류

러더퍼드는 새로운 행정 업무가 허가되자마자 연구 일선으로 돌아왔다. 맨체스터에서 마지막 해의 연구를 시작했다. 빈에서 받은 라듐에서 나오는 알파선을 쪼여서 가벼

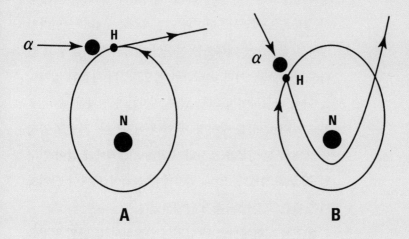

1920년에 그린 핵 충돌에 관한 러더퍼드의 그림이다. 알파선이 질소 원자에서 양성자를 방출시킬 수 있다는 것을 보여준다. 양성자나 그것의 외부 궤도는 모두 실제로 존재하지 않는다.

운 핵을 붕괴시켰다. 러더퍼드는 비스무트의 동위 원소인 라듐씨(RaC)가 빠른 알파 입자를 방출하기 때문에 특히 좋아했다. 평소처럼 그는 핵에서 양성자를 방출시키는 충돌에 관하여 간단하면서도 심지어는 엉성한 그림을 그렸다. 그는 양성자가 핵을 구성하고, 충돌한 알파 입자가 양성자를 흐트러지게 만들었다고 생각했다. 그 밖의 핵의 구성 성분은 무엇일까? 러더퍼드는 최소한 무겁고 천연적인 방사성 원소들에 대해서는 자신이 대답의 일부를 알고 있다고 생각했다. 이미 존재하던 핵으로부터 방출된 입자들을 다시 가정하여서 그는 알파 입자들과 전자들(베타선을 설명하기 위하여)을 방사성 핵 안에 배치했다. 가볍고 안정한 핵의 구성 성분을 조사하기 위해 채드윅에게 같이 연구할 것을 요청했다. 알파 입자와 충돌하여 핵에서 떨어져 나온 다른 조각들을 찾기 위해서였다.

첫 번째 실험에서는 두 단위의 양전하와 세 단위 질량을 가진 것으로 보이는 느리게 운동하는 조각이 나타났다. 러더퍼드는 쉽게 이런 엑스 양이온(X^{++}) 조각들을 핵 구조 개념을 완성시키는데 받아들였다. 원자량 14와 핵전하 7을 가지는 질소($^{14}N_7$)가 4개의 $^3X_2$ 입자, 2개의 양성자($^1H_1$)로 구성되었고, 3개의 변형된 전자들(그림에서 음의 부호로 나타냄)이 어떻게든 함께 결합되어 있다고 생각했다. 따라서 그 구조는 $4 \times 3 + 2 = 14$의 질량을 가지고 전하는 $4 \times 2 + 2 - 3 = 7$ 이었다.

러더퍼드와 채드윅은 엑스 양이온(X^{++}) 입자 연구를 알

방사성 원소
방사능을 가진 원소.

파 입자가 질소 외의 핵에서 양성자를 방출시키는 능력을 조사할 때까지 미루었다. 그들은 붕소($^{11}B_5$)에서부터 인 ($^{31}P_{15}$)까지 조사했다. 그 중에서 홀수 원자량을 가지는 몇 가지의 원소에서 성공을 거두었다. 러더퍼드는 질소를 제외한 모든 민감한 핵들은 3 더하기 4의 배수로 표현될 수 있는 원자량들을 가진다는 것을 강조했다. 그것은 그림을 그리는데 적합했다. 각각의 민감한 핵은 3개의 양성자와 몇 개의 전자, 여러 개의 알파 입자들로 구성되어야 했다. 3개의 양성자가 위성처럼 비교적 느슨하게 알파 입자의 핵에 결합되어 있다고 가정했다. 러더퍼드는 생산적인 알파 – 양성자(α, p) 충돌, 즉 알파 입자(α)가 양성자(p)를 방출하는 것을 일종의 당구 게임으로 가정했다.

엑스 양이온(X^{++}) 입자는 실수임이 밝혀졌다. 채드윅의 도움으로 그것이 충돌된 핵에서가 아니라 선원에서 나온다는 것을 밝혀냈다. 라듐씨(RaC)는 그가 발사물로 이용하기 시작할 때 알고 있던 알파 입자뿐 아니라, 질소 핵의 조각이라고 잘못 생각했던 몇 가지 더 빠른 입자들도 방출했다. 이 일화는 위대한 사람의 실수를 들추기 위해서가 아니다. 완성되지 못한 모형 만들기가 실제로 퀴리 부부가 개탄한 단점을 가지고 있었다는 것을 보여주기 때문에 충분히 돌이켜 볼 필요가 있다. 러더퍼드의 질소 모형은 터무니 없는 생각이었다. 당구공 치기로써의 알파 – 양성자 (α, p) 과정에 대한 개념은 곧 엑스 양이온(X^{++}) 입자의 전철을 밟았다. 얼마 후 베타선에 의해 존재가 보장된 핵의 전

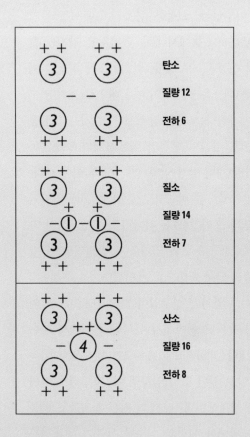

1920년부터 시작된 이 개략적이고 잘못된 그림에서 러 더퍼드는 관찰된 원자량(A)과 전하(Z) 값을 설명하기 위해 알파 입자의 핵을 질량 3의 입자(X_3^{++})와 전자로 구성했다. 따라서 산소 원자는 1개의 알파 입자, 4개의 질량 3의 입자(X_3^{++}), 2개의 전자를 포함한다. 원자량 (A)$=4 \times 3+4=16$, 전하(Z)$=5 \times 2-2=8$.

자도 사라졌다. 이와 함께 핵붕괴에서 방출되는 입자들은 붕괴 전에 핵에 존재했었다는 합리적인 가정도 사라졌다.

이런 놀라움은 1920년에 러더퍼드가 제안한 핵 구조에 대해 계속된 또 다른 생각으로부터 나왔다. 러더퍼드의 원자핵 모형에서 엑스 양이온(X^{++})과 알파 입자 사이에 위치한 전자들과 양성자들의 밀접한 결합은 1의 질량을 가지며 전하를 가지지 않는 입자라는 더 본질적인 결합체가 있다는 것을 암시했다. 러더퍼드가 말한 대로 그런 입자는 전하를 가지지 않아서 전자와 핵의 전기력에 붙잡히지 않고, 물질을 지나 먼 거리까지 투과할 수 있을 것이다. 그것은 가장 무거운 원자핵을 투과할 수도 있을 것이다. 가장 무거운 원자핵은 러더퍼드가 알파-양성자(α, p) 과정에 의해 붕괴시켰던 가장 무거운 원소의 전하보다 6배나 많은 전하를 가진다. 때문에 매우 높은 전하로 인해 가장 빠른 알파 입자들이라도 반발하였을 것이다. 그는 이 중성입자를 관찰하기 위해 서너 번의 실험을 했지만 발견하지 못했다. 틀린 장소를 조사하고 있었던 것이다.

중성자의 발견

1930년에 베를린 대학교의 두 물리학자가 알파 입자를 베릴륨($^9Be_4$)에 쪼여서 투과복사선을 들뜨게 하였다. 베릴륨은 러더퍼드가 알파-양성자(α, p) 과정을 통해 붕괴시킬 수 없던 것이었다. 그들은 폴로늄을 선원으로 사용했

중성자
양성자와 비슷한 질량을 가지는 중성 입자.

고, 투과복사선이 에너지가 센 감마선(핵 엑스선)이라고 생각했다. 파리 대학교의 어머니 실험실에서 연구를 하던 이레네 퀴리가 동참했다. 세계에서 가장 많은 폴로늄을 자유롭게 사용하여 곧 '베릴륨 선'을 대량으로 만들어냈다. 또 남편인 프레데릭 졸리오와 협력하여 이 복사선이 왁스에 떨어지면 빠른 양성자를 내놓는다는 것을 알아냈다. 그들은 이 효과를 만들기 위해서는 감마선이 자신들의 생성을 촉진한 알파 입자가 가진 것보다도 훨씬 더 큰 에너지를 가져야만 한다고 계산했다.

1932년 2월, 이 마지막 실험에 대한 소식을 들은 한 달 후에 채드윅은 러더퍼드의 중성 입자를 찾았다고 발표했지만 베를린과 파리에서는 인정되지 않았다. 그 베릴륨 복사선이 감마선이 아니라 양성자와 비슷한 질량을 가진 입자들의 흐름이라면 모든 에너지 관계가 맞아떨어졌다. 캐번디시 연구소에 있는 채드윅의 동료 중 한 명이 병원에서 사용해 라듐 방사기체가 들어있던 오래된 용기 속의 폴로늄을 재사용해서 파리 대학교의 것만큼 강력한 선원을 만들었다. 그 다음에 채드윅은 베릴륨 충돌이 알파-중성자 (α, n) 반응을 발생시킨다는 풍부한 증거를 내놓았다. 여기에서 중성자 n은 원자핵의 기본적 구성 성분이다. 빠르게 운동하는 중성자는 왁스의 수소 원자와 정면충돌(핵반응이 아님)하면서 왁스 밖으로 양성자를 축출했다. 알파-중성자(α, n) 반응에서 표적 핵은 두 개의 추가적인 전하를 받기 때문에 그것은 주기율표에서 오른쪽으로 두 칸 이동한

감마선

방사성 물질이 내놓는 고 에너지의 엑스선.

베릴륨선

중성자.

핵반응

핵이 기본입자를 흡수한 결과로서 보통 들어오는 입자(다음 경우에는 알파, 알파, 감마)와 방출되는 입자(양성자, 중성자, 양성자)의 성질을 나타내는 (α, p), (α, n), (γ, p) 등으로 표현한다.

다. 즉 베릴륨에서 탄소로 이동한다. 반면에 알짜 전하 1을 가져오는 알파-양성자(α, p) 반응에서는 한 칸 이동한다. 즉 질소에서 산소로, 인에서 황으로 이동한다.

양전자를 발견한 퀴리와 졸리오

퀴리와 졸리오는 중성자와 같은 위대한 검출을 놓쳤다는 충격에서 회복된 후에 그와 비슷할 만큼 훌륭한 것을 발견했다. 바로 알파 입자와 충돌한 알루미늄에서 나온 중성자와 양전자였다. 케임브리지 대학교에서도 손을 대고 있던 양전자의 발견은 1932년에 이루어졌다. 아무도 이것들을 믿으려하지 않았고, 실제로 그들이 완전히 옳은 것도 아니었다. 그런 비판에 답하기 위해 계획된 실험을 하는 동안 그들은 중성자와 양전자(e^+)가 한꺼번에 나오지 않는다는 것을 발견했다. 먼저 알파 입자가 알루미늄에 알파-중성자(α, n) 반응을 하면 그것은 인의 방사성 동위 원소인 인-30($^{30}P_{15}$)로 변화한다. 이것이 곧 붕괴되어서 양전자를 방출하고 안정한 규소의 동위 원소가 된다. 그들은 안정한 원소가 방사성으로 변할 수 있다는 놀라운 발견을 한 것이다. 이 새로운 방사성 생성물들 중 하나를 늙은 퀴리 부인에게 가져갔다. 그 후에 퀴리 부인은 백혈병으로 죽었는데, 아마도 방사능을 다룬 경력 때문으로 추측한다. 졸리오는 그 장면을 이렇게 설명했다.

"나는 그녀가 화상을 입어 상처가 난 손가락 사이에 그

퀴리(1867~1934)
폴란드 태생의 프랑스 물리학자. 남편 퀴리와 함께 라듐과 폴로늄을 발견하여 1903년에 함께 노벨 물리학상을 받았다. 남편이 죽은 뒤 순수한 금속 라듐을 분리하여 1911년에 노벨 화학상을 받았다.

것을 꼭 쥐고 있던 것을 생생하게 기억합니다…… 그것은 분명히 그녀 생애에서 만족을 느끼는 마지막 순간이었습니다."

핵폭탄의 조제 가능성 발견

인공 방사능 발견의 또 다른 결과는 동위 원소들이 양전자뿐 아니라 음전자를 방출하며 붕괴할 수 있다는 것이다. 이 마지막 관찰은 알파와 베타선을 만들어내는 핵 안에 그것들이 미리 존재한다는 러더퍼드의 생각을 바꾸는데 도움이 되었다. 이론가들은 음과 양의 베타복사선이 각각 핵의 중성자가 양성자로 전환되거나 양성자가 중성자로 전환되는 과정에서 나온다고 밝혔다.

러더퍼드는 중성자가 핵반응을 일으키는 원인이라고 추측했다. 이 추측은 맞았다. 이 분야의 선도자는 엔리코 페르미의 지도를 받는 로마 대학교 연구진과 어니스트 로렌스의 지도를 받는 버클리 캘리포니아 대학교 연구진이었다. 페르미는 졸리오-퀴리가 사용한 것과 비슷한 소형 방법을 택했다. 로렌스는 사이클로트론이라는 새로운 대형 기계를 사용했다. 중성자-알파(n, α), 중성자-양성자(n, p), 중성자-2중성자($n, 2n$) 반응과 같은 여러 과정들이 주기율표에 있는 모든 원소들에 작용되었다. 핵화학이라는 새로운 전공 분야가 생겨났다. 이것은 수십 가지의 인공 방사성 동위 원소를 만들었고, 그중 일부는 질병의 진

페르미(1901~1954)
이탈리아 태생의 미국 원자 물리학자. 전자에 관한 새로운 통계법을 창안하고, 세계 최초로 원자로를 건설하고 원자폭탄 제조에 참가했다. 1938년에 노벨 물리학상을 받았다.

사이클로트론
전하를 가진 입자를 나선형 경로에서 고 에너지로 가속시키는 장치.

단과 치료에 가치가 있었다. 충격은 마침내 가장 무거운 원소로 알려진 우라늄에 도달했다. 제2차 세계대전이 막 시작된 1938년 말, 한은 그 당시 알려진 모든 다른 핵반응들과는 달리 중성자를 집어넣어서 인공적으로 만들어진 방사성 우라늄은 주기율표에서 그 자신과 가까운 곳에 있는 원소로 끝나지 않는다는 것을 깨달았다. 때때로 중성자를 포획한 우라늄 핵은 매우 불안정하여 거의 절반짜리들로 쪼개지거나 분열했다. 곧 물리학자들은 중성자를 방출하는 우라늄 핵분열에서 사슬 반응을 만들고 핵폭탄을 만드는 것이 가능하다는 것을 알아냈다.

핵반응 연구의 어려움

연구자들은 베릴륨 복사선으로 각광을 받게 되었다. 채드윅은 중성자에 대한 공로로 1935년에 노벨 물리학상을 받았다. 같은 해인 1935년에 퀴리와 졸리오는 인공 방사능에 대한 공로로 노벨 화학상을 받았다. 페르미는 1938년에 중성자 활성화로 노벨 물리학상을 받았고, 한은 핵분열로 1945년에 노벨 화학상을 받았다.

1927년 11월, 러더퍼드는 왕립협회 회장으로서 두 번째 해를 시작하는 기념 연설을 했다. 여기에서 그는 방사능 물질에서 나오는 알파 입자와 베타 입자의 에너지보다 훨씬 더 큰 에너지를 가지는 원자와 전자의 공급에 관한 소망을 표현했다.

분열
무거운 핵이 대강 같은 원자량의 두 부분으로 쪼개지는 것.

중성자 흡수

원자가 중성자를 흡수하면 몇 가지 결과를 일으킬 수 있다. 하나는 파리 대학교에서 졸리오와 퀴리가 관찰한 것처럼 베타 붕괴를 일으키는 것이다. 또 하나는 페르미와 그 동료들이 로마 대학교에서 연구한 것처럼 양성자나 알파 입자를 방출하는 것이다. 이런 모든 과정은 참여하는 핵들을 주기율표에서 한 칸이나 두 칸씩 이동시킨다. 더 극적인 붕괴도 가능하다. 중성자를 포획하면 거의 같은 크기의 절반짜리들로 쪼개지는 분열이 일어날 수 있다.

우라늄은 다양한 가능성들의 예를 보여 준다. 천연 우라늄은 주로 원자량 238의 동위 원소로 구성되고, 자발적으로 알파 입자를 방출하며 붕괴한다. 그러나 우라늄-238($^{238}U_{92}$)의 핵은 졸리오-퀴리 반응(n, e^-)을 통해 중성자를 흡수할 수도 있다. 결국 생성물은 원자량 239와 원자 번호 93이 된다. 이것은 천연적으로 존재하지 않으며 만들어져도 오랫동안 존재하지 않는다. 바로 이것이 베타 방출을 통해 나가사키를 파괴했던 폭탄으로 역사를 만들었던, 오래 존재하는 동위 원소인 플루토늄-239($^{239}Pu_{94}$)로 자발적으로 붕괴한다. 버클리 사이클로트론에서 최초로 만들어진 플루토늄과 그 선행자 넵투늄은 태양계에서 천왕성 다음에 있는 행성의 이름을 따서 이름이 붙여졌다.

천연 우라늄은 원자량 235를 가지는 또 다른 중요한 동위 원소를 가진다. 이는 우라늄-238처럼 천천히 천연적으로 붕괴한다. 또한, 악티늄 족의 창시자이고, 중성자를 포획할 수도 있다. 그러나 중성자를 포획하면 원소 주기율표의 중간에 있는 원자 번호를 가지는 조각들로 폭발한다. 폭발에서는 자유중성자를 생성하는데, 이것이 다른 우라늄-235에 포획될 수 있어서 더 많은 분열을 일으킨다. 그렇지 않으면 우라늄-238 핵으로 들어가 머무르며 플루토늄을 생성하는 변환의 원인이 된다. 99퍼센트 이상의 천연우라늄은 우라늄-238이기 때문에 우라늄-235의 분열에 의해 생성된 중성자들은 우라늄-238 핵 안으로 들어간다. 우라늄 시료에서 나오기 전에 추가적인 분열을 일으킬 확률은 매우 낮다. 그러나 소위 임계 질량 이상으로 충분한 우라늄-235가 모일 수 있다면 수많은 작은 파편으로 펴져가는 사슬 반응이 계속 일어난다.

"여전히(그는 당시 56살이었다) 나의 소원들이 이루어지기를 소망합니다. 이것이 실현되기 위해서 많은 난관을 이겨내야 할 것입니다."

그는 왕립협회에서 연설을 했지만 그가 원하는 것을 해 줄 사람들이 캐번디시 연구소로 모여들었다. 바로 콕크로프트, 메트로폴리탄 – 비커스회사를 떠나온 기술자인 앨리번, 1851년 해외유학 장학금 수혜자인 월턴이었다. 이 장학금은 30년 전에 러더퍼드가 받은 것과 같은 것이다.

핵 연구를 위해 인공적으로 만든 고속 입자의 공급을 바라는 이유는 천연 선원에서는 너무 적은 입자들이 공급되었기 때문이다. 핵은 원자의 매우 작은 부분만을 차지하고 있기 때문에 다른 핵(알파 입자나 양성자)으로 그것을 때릴 확률이 매우 낮았다. 러더퍼드는 질소를 가지고 한 자신의 실험에서 백만 개의 알파 입자 중에서 단지 한 개나 두 개가 핵변환을 일으킨다고 추측했다. 라듐 1그램에서 나온 모든 알파 입자가 질소에 흡수된다고 하더라도 일 년에 백만분의 일 입방센티미터의 수소를 생산한다. 그것은 충돌과 희귀한 종류의 변환을 쉽게 연구하기에는 너무 적은 양이었다. 필요한 충돌 입자는 수가 많아야 할 뿐 아니라 충분한 에너지도 가져야 했다. 핵반응을 일으키는데 필요한 에너지는 천연 방사성 물질에서 나오는 선들이 가지고 있는 에너지와 거의 비슷했다. 알파 입자를 핵 안으로 발사하는 기계는 핵이 선을 방출할 수 있는 정도의 힘으로 알파 입자를 쏠 수 있어야 했다. 이 에너지는 오십만 전자볼트(eV)로 계산되었다.

따라서 핵을 깨는데 필요한 에너지는 원자핵이 빛을 방출할 수 있도록 들뜨게 만드는데 필요한 에너지보다 오만 배나 더 큰 것으로 생각했다. 당시에는 그만큼의 전압을 발생시키거나 어느 시간 동안 보관할 수 있는 장치가 전혀 없었다. 따라서 톰슨을 비롯한 몇몇 물리학자들은 그 가속에 대한 아이디어를 하나의 큰 도약 단계보다는 여러 단계로 생각했다. 장치보다는 입자에 에너지를 축적하는 것을 이용했다. 캐번디시 연구소의 물리학자들은 단계적 가속기를 만드는데 성공하지 못했다. 대신에 그들은 조지 가모와의 정면충돌로 원래의 계획으로 돌아가게 되었다. 가모는 러시아 출신 이민 이론가로서 현대 물리학에서 가장 위대한 인물 중 하나이다.

터널 효과로 연구의 길이 트이다

가모는 1920년대 중반에 소련에서 출국 정지를 당하자 배를 타고 흑해를 건너 터키로 갔다. 그 곳에서 코펜하겐에 있는 보어의 연구소로 가서 그 당시 최신이던 양자역학의 놀라운 결과를 연구했다. 입자가 원래의 물리학이 요구한 것보다도 더 작은 에너지를 가지고서 핵을 투과하거나 벗어날 수 있다는 것이었다. 이를 '터널 효과'라고 한다. 당구대에 적용한다면 때때로 공들이 부서지거나 쪼개지지 않고도 당구대 가장자리를 통과할 수 있게 되므로 놀랍지

터널 효과

양자 역학에서, 입자가 자기의 운동 에너지보다 높은 에너지 장벽을 어떤 확률을 가지고 빠져나가는 현상. 고전 역학에서는 일어날 수 없는 현상으로, 원자핵의 알파 붕괴나 터널 다이오드 따위에서 볼 수 있다.

만 불유쾌한 결론이었다. 콕크로프트는 가모가 옳다면 러더퍼드가 소원하던 것을 얻을 수 있다는 것을 알아냈다.

양성자가 붕소의 핵을 투과하는데 충분할 만큼의 확률을 갖도록 가속시키는데 단지 30만 볼트가 필요했다. 항상 정교한 이론에 대해 의심을 품던 러더퍼드는 확신을 갖기로 했다. 메트로-빅 회사의 앨리번과 다른 사람들의 도움을 받아서 콕크로프트와 월턴은 캐번디시 연구소의 실험실을 전기 장치로 가득 채웠다. 그것은 러더퍼드가 기초적 발견을 한 탁상용 기기보다 크기와 비용이 적어도 100배 정도 컸다. 가모의 발명이래로 그 장치가 30만 볼트를 만들어내고 유지하여 수소 기체로부터 충분한 이온들(양성자)을 생산하면서 연속적인 가속을 하여 양성자가 핵을 쪼개는데 성공하면 어떤 일이 일어나는지 관찰하는데 필요한 절차를 개발하는 것만 삼 년 이상이 걸렸다.

인공적 장치로 원자핵을 쪼개다

1932년 2월에 콕크로프트와 월턴은 양성자를 71만 전자볼트(710keV)로 밀어 넣을 수 있었다. 그들은 자신들이 80만 전자볼트(800keV)를 시도하겠다고 발표했다. 러더퍼드는 초조해졌다. 그는 그들에게 쓸데없는 짓을 멈추고 붕괴의 증거를 조사하라고 명령했다. 그러나 어떤 증거를 조사한단 말인가? 러더퍼드는 콕크로프트와 월턴이 양성자로 리튬 핵을 때린다면 알파 입자를 만들게 될 것이라고

1932년에 만들어진 최초의 콕크로프트·월턴 장치로 양성자를 가속시킨다. 사진의 오른쪽 중간의 투명한 실린더 안에 있는 관 꼭대기로 입자가 들어간다. 그리고 입자는 전하를 저장하고 있는 많은 축전기들과 교류 전류를 직류로 바꾸는 정류기에 의해 생기는 고전압으로 가속되어서 다른 실린더를 채운다. 그것들은 커튼을 친 관찰 상자 안에서 표적물과 충돌한다.

생각했다. 리튬 핵은 3의 전하를 갖고 그것의 중요한 동위원소는 원자량 7을 가진다. 러더퍼드는 마음속으로 리튬 원자와 양성자의 순간적인 조합(전체 전하(Z)=4, 원자량(A)=8)은 두 개의 알파 입자(전하(Z)=2, 원자량(A)=4)로 쪼개진다고 여겼다. 콕크로프트와 월턴은 지적된 방향을 찾아보았다. 그들은 검출계로 사용하던 형광판에서 본 즉시 알파 입자임을 알 수 있는 번쩍임을 보았다. 러더퍼드는 그 번쩍임이 알파를 가리킨다는 것을 확인했다.

"번쩍이는 것을 보았을 때 나는 알파 입자임을 알았습니다. 왜냐하면 나는 알파 입자가 탄생하는 자리에 있었고, 탄생 이래로 쭉 관찰해왔기 때문입니다."

인공적 장치로 원자핵을 쪼개는 시범은 전세계적인 머리기사가 되었다. 물리학자들이 언제 원자로부터 유용한 에너지를 추출해낼 수 있는가를 알고 싶어 하는 신문기자들이 캐번디시 연구소로 왔다. 러더퍼드는 결코 그렇게 되지 않을 것이라고 대답했다. 핵은 항상 에너지원이 아니라 에너지의 하수구였다. 그는 시간과 돈뿐 아니라 콕크로프트와 월턴이 사용한 방법을 마음속에 확고하고 생생하게 가지고 있었기 때문에 이런 경솔한 판단을 했다. 1933년, 러더퍼드는 이런 비관적 견해를 라디오를 통한 기다란 연설에서 대중에게 널리 알렸다. 라디오는 제1차 세계대전 중 군사 교신에서 이루어진 진보 덕분에 지난 10년 동안 커다란 사업이 되어 있었다. 그는 리튬 핵을 쪼갤 때 방출되는 에너지가 핵을 때리는 양성자가 가지는 에너지의 5백

배 이상이지만 단 한 번의 효과적인 충돌을 일으키기 위해서는 10억 개 이상의 양성자가 발사되어야 한다고 말했다. 붕괴되는 원자가 이웃들의 변환을 촉진한다면 유용한 양의 에너지를 방출하는 사슬 반응이 일어날 수 있을 것이다. 그러나 러더퍼드가 말한 대로 분명히 일어나지 않았다.

"만일 일어난다면 우리는 오래 전에 우리 실험실에서 거대한 폭발을 겪었을 테고, 이 이야기를 해줄 사람은 아무도 남지 않았을 것입니다."

값싼 장치 사이클로트론의 높은 효과

그러나 원자를 쪼개는 캐번디시 연구소의 방법은 5천마일 떨어진 곳에서 느린 폭발을 일으키는 원인이 되었다. 그 소식을 들었을 때 로렌스는 이미 사이클로트론 안에서 캐번디시 연구소의 장치로 도달할 수 있는 최대값보다 더 높은 에너지로 양성자를 쏘았었다. 그러나 콕크로프트나 월턴과 마찬가지로 로렌스와 그 동료들은 붕괴를 관찰하기보다는 자신들의 장치를 만지작거리는 것을 더 좋아했다. 리튬의 변환에 대한 소식을 듣고 버클리 연구소가 충분히 확인하고 사이클로트론 빔을 증폭하는데 6개월이 걸렸다. 그동안 로렌스는 새롭고 더 큰 사이클로트론에 손을 대고 있었다. 파울러와 콕크로프트가 1933년에 사이클로트론을 보러 왔다. 그들은 감명을 받지 못했다. 파울러는 러더퍼드에게 다음과 같이 보고했다.

"단지 시시한 물건이다."

콕크로프트는 월턴에게 장담하기도 했다.

"우리가 캘리포니아보다 훨씬 앞서 있다."

로렌스는 인자하게도 캐번디시 연구소에 사이클로트론 제작법을 가르쳐주겠다고 제안했다. 또한 러더퍼드에게 그 부품들을 어디에서 싸게 살 수 있는가도 말해주었다. 그러나 저명하지만 늙은 캐번디시 연구소는 갑자기 나타난 캘리포니아 연구진의 충고를 받아들이지 않았다. 채드윅은 사이클로트론의 가능성을 조사하고 싶었지만 러더퍼드와 콕크로프트는 그동안 잘 알려진 고전위직선법을 고수하는 것을 선택했다. 그것이 잘못이었다. 채드윅은 1935년에 자유롭게 사이클로트론을 건설하고 다른 일도 하기 위해 캐번디시 연구소를 떠났다. 다음 해에 러더퍼드는 결국 하나를 만들기로 결정하고 그 당시 필요한 막대한 자금을 투자했다. 캐번디시 연구소가 핵물리학의 최전선에 남아있으려면 어쩔 수 없었다. 1936년에 이미 사이클로트론은 값싼 장치가 만들어낼 수 있는 것보다 훨씬 더 높은 에너지와 훨씬 더 높은 수율을 가진 가속기가 되었다. 캐번디시 연구소는 그 동안의 지체 때문에 제2차 세계대전 말에는 버클리보다 두 세대가 뒤진 가속기를 가지게 되었다.

핵실험물리학의 선두가 버클리 연구소로 넘어간 것은 러더퍼드 식의 단순한 세련됨에서 캘리포니아식의 크고 복잡한 공학 생성물로의 이동을 분명히 나타냈다. 동시에 캐번디시 연구소에서 행해진 것과 같이 보통 두세 명의 협

1932년, 어니스트 로렌스(왼쪽)와 대학원생 스탠리 리빙스턴이 건설 중인 최초의 대형 버클리 사이클로트론 곁에 서있다. 금속 말굽 모양 뼈대와 그 아래의 금속 실린더는 나선형 입자들의 궤도를 조절하는 자기장을 만든다. 로렌스 앞쪽으로 뚜껑이 열려있는 입자들이 운동하는 진공실이 보인다. 실린더를 떼어내면 뼈대 아래에 대여섯 명의 사람들이 서 있을 수 있었다.

선형가속기와 사이클로트론

전하를 가진 입자의 가속을 위해 고전압을 만들고 유지하는 문제는 장치가 아니라 입자에 에너지를 축적함으로써 해결할 수 있다. 한 가지 가능성은 그림에 나타낸 것처럼 입자를 단계별로 가속시키는 것이다. 장치의 왼쪽으로 들어간 양성자의 흐름이 음극 K에 의해 끌리고, 그 다음에 K와 음으로 하전 된 금속 드리프트관 1 사이의 전기력에 의해 가속된다. '드리프트'는 관 안에 전기장이 전혀 없기 때문에 그것이 들어올 때의 속도로 통과한다는 것을 의미한다. 관 1을 빠져나오면 관 1의 음전하가 양이 되기 전까지는 뒤로 끌릴 것이다. 극성을 변화시킬 수 있는 방법이 있다고 가정해보자. 그러면 그 다음에 입자들은 관 2(음이라고 가정) 방향으로 가속될 것이다. 관 2를 빠져나오면 관 3 방향으로 계속 가속되기 위해 극성이 변해야 한다. 드리프트관의 길이는 그 안을 통과하는 시간과 라디오 진동자를 이용하여 전기력을 빠르게 조절하는 시간이 같도록 조절된다. 관에 연결된 진동자를 선형가속기의 아래쪽에 나타내었다. 장치를 통과하면서 양성자가 얻은 에너지는 드리프트관의 수에 비례한다.

선형가속기는 기다란 진공(양성자가 기체 분자와 충돌하지 않도록)과 진동하는 전

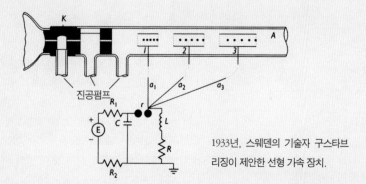

1933년, 스웨덴의 기술자 구스타브 리징이 제안한 선형 가속 장치.

기력의 지나치게 까다로운 조절 때문에 실제로 만들기가 어렵다. 이것은 제2차 세계대전 후에야 최초로 만들어졌다. 그러나 이것을 구부린 형태로 만드는 것은 곧 성공을 거두었다. 양성자가 사이클로트론이라고 하는 이 장치의 중심으로 들어간다. 그 순간에 '디스' A와 B라고 하는 좁고 속이 빈 깡통 사이의 공간을 가로질러서 가속된다. 그림에 의하면 d에 있는 양성자가 위쪽으로 힘을 받기 때문에 전기력은 B에서 A쪽으로 향할 것이다.

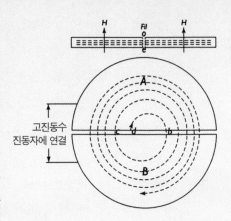

1932년 로렌스는 사이클로트론의 원칙 도식을 발표했다. 윗부분의 좁은 수평의 상자는 양자가 통과하는 공간의 부분 모습이다. 중심지 필라멘트 안에서 양자는 나선형으로 빠져나간다. H는 자기장을 나타낸다.

양성자는 A 안에서 아무런 전기력을 느끼지 못하지만(디스가 드리프트관의 역할을 한다) 궤도면에 수직인 강한 자기력을 받는다. 자기력은 양성자의 경로를 A 안의 원으로 휘게 만든다. 양성자가 디스 사이의 틈새 b에 오게 되면 라디오 진동자가 극성을 바꾼다. 틈새를 가로지르면 이제 아래로 향하는 힘을 받게 된다. 이 가속 때문에 입자는 B에서 일정한 자기장 세기에서 더 큰 원으로 운동한다. 자기장의 성질이 같기 때문에 같은 시간에 B에서 더 큰 원으로 운동하는 입자는 A에서는 더 좁은 궤도를 운동하였을 것이다. 이제 틈새 c에 돌아오면 전기력이 또 다시 극성을 바꾼다. 또 다른 가속이 일어난다. 양성자는 점점 장치의 바깥쪽으로 나선을 그린다. 1930년대에 수소 핵에 축적될 수 있는 에너지는 단지 입자를 나선궤도로 만들어 주는 자석의 크기와 비용에 의해서만 제한을 받았다. 제2차 세계대전 전에 완성된 가장 큰 사이클로트론 자석은 무게가 2천 톤이나 되었다. 이 장치에서 최초로 우라늄이 넵투늄으로 변환되었다.

력으로 이루어지는 소규모 연구진의 접근방식은 화학자, 물리학자, 의학자, 공학자들로 구성된 학제 간 연구진의 연구에 길을 비켜주게 되었다. 러더퍼드는 한 사람이 자신의 머리로 모든 분야를 다룰 수 있고, 자신의 손으로 모든 기계를 작동시킬 수 있는 시대에 방사능과 핵물리학의 연구와 발견을 관장하는 행운을 유일하게 가졌다. 그는 많은 종류의 세세한 것들 뿐 아니라 물질의 본성과 원자의 구성에 대한 기초적 사실까지도 발견했다. 그는 민첩한 지적 능력, 개념의 대담성, 신체적 활력을 가져서 비록 그 수가 많지는 않았지만 다른 사람들이 심오한 발견을 하도록 안내했다.

상원 의원이자 러더퍼드 남작의 활동

1931년, 러더퍼드는 상원 의원이 되었다. 그는 '넬슨의 러더퍼드 남작'이라는 칭호를 사용했다. 문장(紋章)으로는 뉴질랜드 그리고 토륨과 토륨엑스의 행동을 나타내는 독특한 도안을 사용했다. 문장의 왼쪽에 있는 인물은 '매우 위대한 헤르메스'를 뜻하는 헤르메스 트리스메기스투스이다. 아래쪽의 표어는 '사물의 기초에 의문을 품어라(primordia quaerere rerum)'라는 의미로 러더퍼드의 경력을 나타낸다. 상원이자 남작으로서의 최초 연설은 실제적 변환의 기본적 문제, 즉 영국이 풍부하게 보유하고 있는 석탄을 막대한 비용을 들여서 수입하는 석유로 변환하는 것이었다.

　남작 직위가 주는 추가적인 명성으로 러더퍼드는 위대한 박애주의 사업의 간판 역할을 하는 이상적인 인물이 될 수 있었다. 그는 독일 나치 정부에 의해 자리에서 쫓겨난 유태인과 다른 학자들을 도와주기 위해 1933년 5월에 설립된 학자구호위원회의 회장으로 추대됐다. 처음에는 과로와 아내의 반대로 그 직위를 정중히 거절했다. 그러나 위원회 조직자들은 대화를 나눈 후 그에 대해 다음과 같이 말했다.

　"러더퍼드는 자신이 친밀하게 알고 있고 존중하는 과학 동료들에 대한 히틀러의 처우에 격노했다. 우리가 그를 떼 놓고 진행한다면 그는 비참해질 것이다. 그는 우리가 앞으로 나갈 수 있도록 모든 일을 다 했다."

　조직 책임자 중의 한 사람인 베버리지 경은 러더퍼드가 점점 일에 관심을 가진 것을 기억했다. 위원회는 그의 도움을 받아 왕립협회에 사무실을 확보했다.

학자구호위원회의 활동

　구조는 즉각적이고 효과적으로 이루어졌다. '공공임무의 정화(독일 대학교의 교원들은 공무원들이었다)'에 관한 법의 공포에 따라서 첫 두 해 동안에 해고된 650명의 교사와 연구자들 중 57명이 영국에서 영구적인 학술적 직업을 얻었고 155명이 임시로 고용되었다. 이들 중 많은 사람은 미국과 다른 곳으로 직업을 얻기 위해 떠났다. 나머지 450명 중 대부분은 프랑스와 다른 유럽 국가, 영연방, 미국, 터키에서 직장을 찾았다.

그때까지 언급된 대부분의 독일인들은 유태인이 아니었고, 이주를 하지 않았다. 플랑크는 그가 관장하는 연구소 안에 유태인들을 숨겨 주었다. 그는 공공임무의 정화에 관한 법들이 독일 과학을 파괴할 것이라고 히틀러를 설득시키려 노력했다. 히틀러는 유태인을 전혀 반대하지 않고 단지 공산주의자들을 반대할 뿐인데, 불행하게도 모든 유태인이 공산주의자라고 대답했다. 그러면서 히틀러는 너무 격렬하게 화를 내서 플랑크는 살금살금 빠져나와야 했다. 라우에는 나치 정권에 대항하는 온화한 저항에 참여했다. 그렇지 않았다면 세상에서 사라져 버렸을 것이다. 가이거와 한은 그들의 직위를 유지하고, 전쟁 중에 핵에너지의 이용에 관한 연구를 했다. 독일에서 교수가 된 헤베시는 코펜하겐으로 건너가서 스웨덴에 정착했다. 독일에서 가장 유명한 유태인 지식인인 아인슈타인은 나치가 정권을 잡을 때 패서디나의 캘리포니아 공과대학에 있었다. 안전한 거리에서 그는 나치를 비난했다. 학자구호위원회가 설립된 몇 개월 후 아인슈타인은 러더퍼드가 관장하는 많은 회의들에서 자유인의 자격으로 발언을 했다.

"그들은 인류와 정신적 산물을 구하고 새로운 재앙으로부터 유럽을 구하기 위한 의무를 가지고 있다."

과학자를 지키기 위한 러더퍼드의 노력

일이 점점 악화되어 갔다. 나치에 의한 첫 청소에서 살아남은 사람들도 다음 번에 희생되었다. 러더퍼드는 1936년에 이미 위원회가 약 1,300명의 독일인을 도왔다고 보고했다. 그중 363명의 학자는 전세계에 걸쳐서 적당한 자리를 다시 잡았고, 324명은 임시직을 얻었다. 상황은 1938년에 독일과 오스트리아의 결합과 히틀러와 무솔리니 사이의 동맹으로 최악에 도달했다. 동맹은 인종법의 적용 범위를 확장시켰다. 그 해 12월에 이탈리아의 가장 유명한 물리학자인 페르미가 가족을 데리고 노벨상을 받기 위해 스웨덴으로 건너갔다. 그의 부인은 유태인 혈족이었다. 그들은 스톡홀름을 떠나서 로마로 가지 않고 뉴욕으로 갔다. 러더퍼드는 하인리히 헤르츠의 딸을 위한 경우처럼 때때로 사건들에 직접 개입하기도 했다. 헤르츠의 라디오파에 대한 연구는 러더퍼드가 과학을 향한 첫걸음을 딛게 했었다. 그가 관여한 가장 큰 사건은 나치에서 온 피난자에 관한 것이 아니라 또 다른 독재국인 소련(현재 러시아)으로부터 온 희생자에 관한 것이었다.

카피차는 영국 국민이 될 것을 되풀이해서 재촉 받았지만 러시아 국적을 유지했다. 1934년에 그는 소련으로 돌아가서 과학 회의에 참석하고 휴가를 즐겼다. 크렘린은 카피차가 떠나는 것을 허가하지 않았다. 그가 오랫동안 외국에 있었고, 이제 조국은 그가 가진 과학과 기술 지식을 필요로 한다고 했다. 카피차는 항의하고 화냈지만 아무 소용이 없었다. 러더퍼드는 카피차를 보내주도록 스탈린을 압박하는 운동을 오랫동안 이끌었다. 런던에 있는 소련 대사관은 영국 과학의 중심을 잘 겨냥한 조준으로 그 노력을 간단히 처리했다.

"소련이 러더퍼드 경을 갖고 싶은 만큼 케임브리지는 세계의 모든 유명한 과학자들을 실험실에 모으고 싶을 것이다."

러더퍼드는 조국의 '모든 과학자들에 대한 위급한 필요'에 대한 소련의 주장에 대항했다. 카피차를 납치한 것은 학문의 자유를 위반하고 국제 과학 관계의 토대를 침식한다고 주장했으나 효과가 없었다. 결국 카피차는 스탈린과 함께 그들의 평화를 만들었다. 러더퍼드는 카피차가 필요로 하는 모든 장비를 캐번디시 연구소에 있는 그의 실험실로부터 소련에 팔기로 동의했다. 소련 지도부는 카피차를 위해 물리학연구소를 세워 주었다.

악화되는 유럽 상황과 러더퍼드의 죽음

유럽의 악화된 상황은 또 다른 세계 전쟁을 예고했다. 이제 영국의 과학자들은 준비되지 않은 채 잡혀가지 않았다. 이미 1930년대 중반에 그들은 계획을 시작했다. 그 결과 히틀러가 1940년에 영국에 대한 태도를 바꾸었을 때, 독일 공군을 맞이하는 적절한 시기에 레이더의 발명과 조

기경보국의 건설을 이루었다. 러더퍼드는 직원 중 한 사람이 위원장을 맡은 위원회에 자문을 했다. 그 위원회는 레이더 계획을 지원하고 있었다. 그는 생애 마지막 해에 군사적 활동에 필요한 과학 수요를 조정하기 위한 연구위원회의 설립을 촉구했다. 그러나 육군, 해군, 공군이 협조하게 하는 데는 전쟁이 필요할 뿐, 러더퍼드가 필요하지 않았다. 그는 카피차를 석방하는데 성공하지 못한 것처럼 군을 단결시키지 못했다.

1937년 10월 19일, 러더퍼드는 명성과 권력과 완전한 건강의 정점에서 예방이 가능한 병으로 죽었다. 얼마 동안 대단찮은 탈장으로 고생했지만 치료를 걱정하진 않았다. 그러나 보기 드문 경우로 혈액 순환이 막혔다. 런던의 전문가가 응급 수술을 실시했고, 치료가 가능할 것으로 보였다. 그러나 회복하지 못하고, 의사들이 '장 마비'라고 부르는 사고 후 4일 만에 죽었다. 그 당시 볼로냐에서는 전지의 발명과 전기 시대 탄생을 촉진한 발견자 갈바니의 탄생 200주년을 기념하여 성대한 국제학술회의가 열리고 있었다. 러더퍼드 부인은 그 회의의 중요한 연사 중 한 사람이었던 보어에게 전보로 소식을 알렸다. 보어는 눈물을 흘리며 자신의 오랜 친구이며 지도 교수인 러더퍼드의 죽음을 발표했다.

러더퍼드가 떠난 자리에 남은 것들

러더퍼드는 영국인이 받을 수 있는 가장 큰 명예를 얻었다. 그는 저명한 과학자나 시인, 왕들이 잠들어 있는 웨스트민스터 사원에 묻혔다. 톰슨이 조사를 읽었다. 뉴질랜드의 대사, 케임브리지 대학교의 부총장, 왕립협회의 회장, 그리고 맥길 대학교, 트리니티 칼리지 및 국립과학연구소(DSIR)의 고위 인사들이 운구를 했다. 그들은 러더퍼드가 가난과 무명에서 명예와 권력으로 상승할 수 있게 해준 기관들을 대표했다.

러더퍼드 경은 아이적 뉴턴 경 옆에 묻혔다. 뉴턴은 행성이 별 주위를 회전하고, 혜성이 우주를 가로질러 나르며, 달이 조류를 일으키고, 사과가 땅으로 떨어진다는 것을 해명해 준 법칙을 세웠다. 러더퍼드와 공동 연구자들도 원자 안에서 비슷

러더퍼드는 여러 나라의 우표에 등장했다. 소련은 그의 탄생 100주년인 1971년에 이 반신상 초상화와 원자핵에 의한 알파 입자의 산란 그림을 실어서 그에게 경의를 표했다.

한 세계를 건설했다. 뉴턴은 생애의 많은 부분을 금속의 변환에 관한 연금술을 이해하기 위해 노력했다. 러더퍼드는 자연 자체가 연금술사이며 금속을 기체로 그리고 다시 고체로 변환시킬 수 있다는 것을 입증했다. 그는 라듐에서 나오는 선들과 입자가속기에서 나오는 광선을 가지고 자신이 연금술사 역할도 할 수 있었다.

러더퍼드는 웨스트민스터 사원의 뉴턴 옆에 묻힌 후에
도 계속해서 명예를 얻었다. 영국의 가장 선도적인 물리학
연구소 중 한 곳이 그의 이름을 따서 이름을 지었다. 네 나
라에서 그에게 경의를 표하기 위해 우표를 발행했다. 그의
명성을 알고 있는 뉴질랜드에서는 백 달러짜리 지폐에 그
의 초상을 넣었다. 가장 적절한 기념물은 주기율표 안에
있다. 버클리에 있는 사이클로트론에서 칼리포르늄에 충
격을 주어 만든 원소 104는 전혀 어울리진 않지만 '러더포
듐'이라는 이름을 가졌다. 그것은 하프늄(원소 72)보다 더
무거운 유사 물질로 그 성질들은 보어가 러더퍼드의 원자
모형에 대한 자신의 판에서 예측한 성질을 가지고 있다.
하프늄과는 달리 러더포듐은 사람이 만들기 전에는 존재
하지 않는다. 러더포듐은 반감기가 70초이고 천연적인 모
체는 전혀 존재하지 않는다. 전 우주에 원자가 단 하나도
존재하지 않는 순간도 있을 수 있다. 러더퍼드 자신처럼
그것은 연금술사의 최고 기술을 나타낸다.

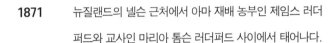

1871	뉴질랜드의 넬슨 근처에서 아마 재배 농부인 제임스 러더퍼드와 교사인 마리아 톰슨 러더퍼드 사이에서 태어나다.
1886	넬슨 고등학교에 장학금을 받고 입학하다. 학생 80명 정도의 중등학교였다.
1889~94	캔터베리 대학교에 장학금을 받고 다니다. 1892년에 학사학위를, 1893년에는 석사학위를 받다. 1894년에 라디오파에 대한 연구로 이학사학위를 받다.
1895~98	영국 케임브리지 대학교의 캐번디시 연구소에서 제이제이 톰슨의 지도를 받으며 연구하다. 라디오파 연구로 시작하여 처음에는 엑스(X)선, 나중에는 방사능 연구로 전환하다. 두 가지 모두 당시의 최신 분야였다.
1898	캐나다 몬트리올에 있는 맥길 대학교 교수로 가다.
1900	토륨의 방사기체와 활성 잔류물을 발견하다.
1901	뉴질랜드로 돌아와서 메리 뉴턴과 결혼하다.
1902	프레데릭 소디와 함께 토륨엑스의 발생과 붕괴 곡선을 그리고, 방사성 붕괴와 원자의 전환에 관한 이론을 고안하다. 단독으로 알파선이 입자임을 증명하다.
1904	『방사능』 초판을 출간하다.
1907	맨체스터 대학교 물리학연구소의 교수 및 소장이 되다.
1908	한스 가이거와 알파 입자를 세는 연구를 시작하다. 토머스 로이즈와 함께 알파 입자가 헬륨 이온이라는 것을 증명하다. 노벨 화학상을 받다.

1910~11 원자의 핵 이론을 창안하다.

1912 러더퍼드의 연구소에 닐스 보어가 도착하다.

1913 보어가 원자의 양자설을 발표하다. 러더퍼드의 제자 몇 사람이 동위 원소의 개념을 제시하다.

1913~14 헨리 모즐리가 원자 번호의 개념을 확립하다. 러더퍼드가 작위를 받다.

1915 러더퍼드의 제자들이 양쪽 편으로 나뉘어 전쟁에 참가하다. 모즐리가 갈리폴리에서 사망하다.

1915~18 전쟁을 위해 영국 과학을 조직화하는 것을 돕다. 잠수함의 탐지에 관한 연구를 하다.

1917 미국 과학의 전시체제화를 위해 파견된 영국과 프랑스 과학자들의 단장이 되다.

1919 알파 입자를 이용해 질소를 인위적으로 붕괴시키고 그것을 설명하다. 제이제이 톰슨이 캐번디시 연구소 교수직에서 은퇴하다.

1920 케임브리지 대학교의 톰슨 직위를 이어받아 강력한 연구소를 건설하기 시작하다.

1922 캐번디시 연구소에 피터 카피차가 도착하다. 제임스 채드윅, 존 콕크로프트, 패트릭 블래킷이 합류하다.

1925 조지 5세로부터 메리트 훈장을 받다.

1926~31 왕립협회의 회장을 지내다.

1931 넬슨의 러더퍼드 남작이라는 칭호를 받고, 귀족이 되다.

1932   채드윅이 중성자를 발견하다. 콕크로프트와 월턴이 입자

가속 장치를 이용해 최초로 핵붕괴를 완성하다.

1933~37 러더퍼드가 학자구호위원회의 위원장이 되어 나치에서

해고된 학자들을 구조하다.

1936   캐번디시 연구소에 사이클로트론을 만들다.

1937   좋은 건강 상태였지만 장(腸)마비로 불시에 세상을 뜨다.

현대의 원소 주기율표. 큰 표 아래에 있는 두 번째 표는 모즐리에 의하여 분석된 희토류인 세륨(원자 번호 58)부터 루테튬(원자 번호 71)까지, 그리고 그와 유사한 토륨(원자 번호 90)부터 로렌슘(원자 번호 103)까지의 '전이 계열'을 나타낸다. 주계열은 '운운븀'(112라는 의미)이라고 부르는 원자 번호 112까지 가지고 있다.

* 최근에 원자번호(Z)는 116까지 만들어졌다고 보고되었다. 〈역주〉

주기율표 본표

IA	IIA	IIIB	IVB	VB	VIB	VIIB	VIIIB	VIIIB	VIIIB	IB	IIB	IIIA	IVA	VA	VIA	VIIA	VIIIA
1 H 1.00794																	2 He 4.00260
3 Li 6.941	4 Be 9.01218											5 B 10.811	6 C 12.011	7 N 14.00674	8 O 15.9994	9 F 18.99840	10 Ne 20.1797
11 Na 22.98977	12 Mg 24.3050											13 Al 26.98154	14 Si 28.0855	15 P 30.97376	16 S 32.066	17 Cl 35.4527	18 Ar 39.948
19 K 39.0983	20 Ca 40.078	21 Sc 44.95591	22 Ti 47.88	23 V 50.9415	24 Cr 51.9961	25 Mn 54.9380	26 Fe 55.847	27 Co 58.93320	28 Ni 58.6934	29 Cu 63.546	30 Zn 65.39	31 Ga 69.723	32 Ge 72.61	33 As 74.92159	34 Se 78.96	35 Br 79.904	36 Kr 83.80
37 Rb 85.4679	38 Sr 87.62	39 Y 88.90585	40 Zr 91.224	41 Nb 92.90638	42 Mo 95.94	43 Tc 98.9072	44 Ru 101.07	45 Rh 102.90550	46 Pd 106.42	47 Ag 107.8682	48 Cd 112.411	49 In 114.82	50 Sn 118.710	51 Sb 121.76	52 Te 121.757	53 I 126.90447	54 Xe 131.29
55 Cs 132.90543	56 Ba 137.327	57 La 138.9055	72 Hf 178.49	73 Ta 180.9479	74 W 183.85	75 Re 186.207	76 Os 190.2	77 Ir 192.22	78 Pt 195.08	79 Au 196.96654	80 Hg 200.59	81 Tl 204.3833	82 Pb 207.2	83 Bi 208.98037	84 Po 208.9824	85 At 209.9871	86 Rn 222.0176
87 Fr 223.0197	88 Ra 226.0254	89 Ac 227.0278	104 Rf 261.11	105 Db 262.114	106 Sg 263.118	107 Bh 262.12	108 Hs (265)	109 Mt (266)	110 Uun (269)	111 Uuu (272)	112 Uub						

전이 계열 (희토류)

IIIB	IVB	VB	VIB	VIIB	VIIIB	VIIIB	VIIIB	IB	IIB	IIIA	IVA	VA	VIA	VIIA	VIIIA
58 Ce 140.115	59 Pr 140.90765	60 Nd 144.24	61 Pm 144.9127	62 Sm 150.36	63 Eu 151.965	64 Gd 157.25	65 Tb 158.92534	66 Dy 162.50	67 Ho 164.93.32	68 Er 167.26	69 Tm 168.93421	70 Yb 173.04	71 Lu 174.967		
90 Th 222.0381	91 Pa 223.0359	92 U 238.0289	93 Np 237.0482	94 Pu 244.0642	95 Am 243.0614	96 Cm 247.0703	97 Bk 247.0703	98 Cf 251.0796	99 Es 252.083	100 Fm 257.0951	101 Md 258.10	102 No 259.1009	103 Lr 262.11		

핵물리학과 러더퍼드

지은이 | J.L. 헤일보드
옮긴이 | 고문주
초판 1쇄 발행 2006년 5월 23일

책임편집 | 이경미
디자인 | 최선영
마케팅 | 구본산·김한중

펴낸곳 | 바다출판사
펴낸이 | 김인호
주소 | 서울시 마포구 서교동 403-21 서홍빌딩 4층
전화 | 322-3885(편집부), 322-3575(마케팅부)
팩스 | 322-3858
E-mail | badabooks@dreamwiz.com
출판등록일 | 1996년 5월 8일
등록번호 | 제10-1288호

ISBN 89-5561-324--5 03400
ISBN 89-5561-062--9 (세트)